U0347968

全国科学技术名词审定委员会

公 布

化 工 名 词

CHINESE TERMS IN CHEMICAL INDUSTRY AND ENGINEERING

（二）

2019

基本有机化工

化工名词审定委员会

国家自然科学基金资助项目

科学出版社

内 容 简 介

本书是全国科学技术名词审定委员会审定公布的《化工名词》(二)基本有机化工分册,内容包括:通类、原料与产品、反应与三剂、工艺过程与设备,共1120条。本书对每条词都给出了定义或注释。本书公布的名词是全国各科研、教学、生产、经营以及新闻出版等部门应遵照使用的化工规范名词。

图书在版编目(CIP)数据

化工名词.二,基本有机化工/化工名词审定委员会编.—北京:科学出版社,2019.9
ISBN 978-7-03-062088-0

Ⅰ.①化… Ⅱ.①化… Ⅲ.①化学工业-名词术语 Ⅳ.①TQ-61

中国版本图书馆 CIP 数据核字(2019)第 181926 号

责任编辑:才 磊 周巧龙/责任校对:杜子昂
责任印制:张 伟/封面设计:槐寿明

科 学 出 版 社出版
北京东黄城根北街 16 号
邮政编码:100717
http://www.sciencep.com

北京建宏印刷有限公司 印刷
科学出版社发行 各地新华书店经销

*

2019 年 9 月第 一 版 开本:787×1 092 1/16
2019 年 9 月第一次印刷 印张:8 1/2
字数:200 000
定价:128.00 元
(如有印装质量问题,我社负责调换)

全国科学技术名词审定委员会
第七届委员会委员名单

特邀顾问：路甬祥　许嘉璐　韩启德

主　　任：白春礼

副 主 任：黄　卫　杜占元　张宏森　李培林　刘　旭　何　雷　何鸣鸿
　　　　　裴亚军

常　　委（以姓名笔画为序）：

戈　晨　田立新　曲爱国　刘会洲　沈家煊　宋　军　张　军
张伯礼　林　鹏　饶克勤　袁亚湘　高　松　黄向阳　崔　拓
康　乐　韩　毅　雷筱云

委　　员（以姓名笔画为序）：

卜宪群　王　军　王子豪　王同军　王建军　王建朗　王家臣
王清印　王德华　尹虎彬　邓初夏　石　楠　叶玉如　田　森
田胜立　白殿一　包为民　冯大斌　冯惠玲　毕健康　朱　星
朱士恩　朱立新　朱建平　任　海　任南琪　刘　青　刘正江
刘连安　刘国权　刘晓明　许毅达　那伊力江·吐尔干
孙宝国　孙瑞哲　李一军　李小娟　李志江　李伯良　李学军
李承森　李晓东　杨　鲁　杨　群　杨汉春　杨安钢　杨焕明
汪正平　汪雄海　宋　彤　宋晓霞　张人禾　张玉森　张守攻
张社卿　张建新　张绍祥　张洪华　张继贤　陆雅海　陈　杰
陈光金　陈众议　陈言放　陈映秋　陈星灿　陈超志　陈新滋
尚智丛　易　静　罗　玲　周　畅　周少来　周洪波　郑宝森
郑筱筠　封志明　赵永恒　胡秀莲　胡家勇　南志标　柳卫平
闻映红　姜志宏　洪定一　莫纪宏　贾承造　原遵东　徐立之
高　怀　高　福　高培勇　唐志敏　唐绪军　益西桑布
黄清华　黄璐琦　萨楚日勒图　龚旗煌　阎志坚　梁曦东
董　鸣　蒋　颖　韩振海　程晓陶　程恩富　傅伯杰　曾明荣
谢地坤　赫荣乔　蔡　怡　谭华荣

化工名词审定委员会委员名单

特邀顾问:闵恩泽

顾　　问(以姓名笔画为序):

　　　　毛炳权　　包信和　　关兴亚　　孙优贤　　严纯华　　李大东　　李俊贤
　　　　杨启业　　汪燮卿　　陆婉珍　　周光耀　　郑绵平　　胡永康　　段　雪
　　　　钱旭红　　徐承恩　　蒋士成　　舒兴田

主　　任:李勇武

副 主 任:戴厚良　　李静海　　王基铭　　曹湘洪　　金　涌　　袁晴棠　　陈丙珍
　　　　谭天伟　　高金吉　　孙保国

常务副主任:杨元一

委　　员(以姓名笔画为序):

　　　　王子宗　　王子康　　王普勋　　亢万忠　　邢新会　　曲景平　　乔金樑
　　　　伍振毅　　刘良炎　　孙丽丽　　孙伯庆　　寿比南　　苏海佳　　李　中
　　　　李　彬　　李寿生　　李希宏　　李国清　　杨友麒　　杨为民　　肖世猛
　　　　吴　青　　吴长江　　吴秀章　　何小荣　　何盛宝　　初　鹏　　张　勇
　　　　张亚丁　　张志檩　　张积耀　　张德义　　陆小华　　范小森　　周伟斌
　　　　郑长波　　郑书忠　　赵　寰　　赵劲松　　胡云光　　胡迁林　　俞树荣
　　　　洪定一　　骆广生　　顾松园　　顾宗勤　　钱　宇　　徐　惠　　徐大刚
　　　　高金森　　凌逸群　　常振勇　　梁　斌　　程光旭　　谢在库　　潘正安
　　　　潘家桢　　戴国庆　　戴宝华

秘 书 长:洪定一

副秘书长:潘正安　　胡迁林　　王子康　　戴国庆

秘　　书:王　燕

基本有机化工名词审定分委员会委员名单

白春礼序

　　科技名词伴随科技发展而生,是概念的名称,承载着知识和信息。如果说语言是记录文明的符号,那么科技名词就是记录科技概念的符号,是科技知识得以传承的载体。我国古代科技成果的传承,即得益于此。《山海经》记录了山、川、陵、台及几十种矿物名;《尔雅》19 篇中,有 16 篇解释名物词,可谓是我国最早的术语词典;《梦溪笔谈》第一次给"石油"命名并一直沿用至今;《农政全书》创造了大量农业、土壤及水利工程名词;《本草纲目》使用了数百种植物和矿物岩石名称。延传至今的古代科技术语,体现着圣哲们对科技概念定名的深入思考,在文化传承、科技交流的历史长河中作出了不可磨灭的贡献。

　　科技名词规范工作是一项基础性工作。我们知道,一个学科的概念体系是由若干个科技名词搭建起来的,所有学科概念体系整合起来,就构成了人类完整的科学知识架构。如果说概念体系构成了一个学科的"大厦",那么科技名词就是其中的"砖瓦"。科技名词审定和公布,就是为了生产出标准、优质的"砖瓦"。

　　科技名词规范工作是一项需要重视的基础性工作。科技名词的审定就是依照一定的程序、原则、方法对科技名词进行规范化、标准化,在厘清概念的基础上恰当定名。其中,对概念的把握和厘清至关重要,因为如果概念不清晰、名称不规范,势必会影响科学研究工作的顺利开展,甚至会影响对事物的认知和决策。举个例子,我们在讨论科技成果转化问题时,经常会有"科技与经济'两张皮'""科技对经济发展贡献太少"等说法,尽管在通常的语境中,把科学和技术连在一起表述,但严格说起来,会导致在认知上没有厘清科学与技术之间的差异,而简单把技术研发和生产实际之间脱节的问题理解为科学研究与生产实际之间的脱节。一般认为,科学主要揭示自然的本质和内在规律,回答"是什么"和"为什么"的问题,技术以改造自然为目的,回答"做什么"和"怎么做"的问题。科学主要表现为知识形态,是创造知识的研究,技术则具有物化形态,是综合利用知识于需求的研究。科学、技术是不同类型的创新活动,有着不同的发展规律,体现不同的价值,需要形成对不同性质的研发活动进行分类支持、分类评价的科学管理体系。从这个角度来看,科技名词规范工作是一项必不可少的基础性工作。

我非常同意老一辈专家叶笃正的观点,他认为:"科技名词规范化工作的作用比我们想象的还要大,是一项事关我国科技事业发展的基础设施建设工作!"

科技名词规范工作是一项需要长期坚持的基础性工作。我国科技名词规范工作已经有110年的历史。1909年清政府成立科学名词编订馆,1932年南京国民政府成立国立编译馆,是为了学习、引进、吸收西方科学技术,对译名和学术名词进行规范统一。中华人民共和国成立后,随即成立了"学术名词统一工作委员会"。1985年,为了更好促进我国科学技术的发展,推动我国从科技弱国向科技大国迈进,国家成立了"全国自然科学名词审定委员会",主要对自然科学领域的名词进行规范统一。1996年,国家批准将"全国自然科学名词审定委员会"改为"全国科学技术名词审定委员会",是为了响应科教兴国战略,促进我国由科技大国向科技强国迈进,而将工作范围由自然科学技术领域扩展到工程技术、人文社会科学等领域。科学技术发展到今天,信息技术和互联网技术在不断突进,前沿科技在不断取得突破,新的科学领域在不断产生,新概念、新名词在不断涌现,科技名词规范工作仍然任重道远。

110年的科技名词规范工作,在推动我国科技发展的同时,也在促进我国科学文化的传承。科技名词承载着科学和文化,一个学科的名词,能够勾勒出学科的面貌、历史、现状和发展趋势。我们不断地对学科名词进行审定、公布、入库,形成规模并提供使用,从这个角度来看,这项工作又有几分盛世修典的意味,可谓"功在当代,利在千秋"。

在党和国家重视下,我们依靠数千位专家学者,已经审定公布了65个学科领域的近50万条科技名词,基本建成了科技名词体系,推动了科技名词规范化事业协调可持续发展。同时,在全国科学技术名词审定委员会的组织和推动下,海峡两岸科技名词的交流对照统一工作也取得了显著成果。两岸专家已在30多个学科领域开展了名词交流对照活动,出版了20多种两岸科学名词对照本和多部工具书,为两岸和平发展作出了贡献。

作为全国科学技术名词审定委员会现任主任委员,我要感谢历届委员会所付出的努力。同时,我也深感责任重大。

十九大的胜利召开具有划时代意义,标志着我们进入了新时代。新时代,创新成为引领发展的第一动力。习近平总书记在十九大报告中,从战略高度强调了创新,指出创新是建设现代化经济体系的战略支撑,创新处于国家发展全局的核心位置。在深入实施创新驱动发展战略中,科技名词规范工作是其基本组成部分,因为科技的交流与传播、知识的协同与管理、信息的传输与共享,都需要一个基于科学的、规范统一的科技名词体系和科技名词服务平台作为支撑。

我们要把握好新时代的战略定位,适应新时代新形势的要求,加强与科技的协同发展。一方面,要继续发扬科学民主、严谨求实的精神,保证审定公布成果的权威性和规范性。科技名词审定是一项既具规范性又有研究性,既具协调性又有长期性的综合性工作。在长期的科技名词审定工作实践中,全国科学技术名词审定委员会积累了丰富的经验,形成了一套完整的组织和审定流程。这一流程,有利于确立公布名词的权威性,有利于保证公布名词的规范性。但是,我们仍然要创新审定机制,高质高效地完成科技名词审定公布任务。另一方面,在做好科技名词审定公布工作的同时,我们要瞄准世界科技前沿,服务于前瞻性基础研究。习总书记在报告中特别提到"中国天眼"、"悟空号"暗物质粒子探测卫星、"墨子号"量子科学实验卫星、天宫二号和"蛟龙号"载人潜水器等重大科技成果,这些都是随着我国科技发展诞生的新概念、新名词,是科技名词规范工作需要关注的热点。围绕新时代中国特色社会主义发展的重大课题,服务于前瞻性基础研究、新的科学领域、新的科学理论体系,应该是新时代科技名词规范工作所关注的重点。

未来,我们要大力提升服务能力,为科技创新提供坚强有力的基础保障。全国科学技术名词审定委员会第七届委员会成立以来,在创新科学传播模式、推动成果转化应用等方面作了很多努力。例如,及时为 113 号、115 号、117 号、118 号元素确定中文名称,联合中国科学院、国家语言文字工作委员会召开四个新元素中文名称发布会,与媒体合作开展推广普及,引起社会关注。利用大数据统计、机器学习、自然语言处理等技术,开发面向全球华语圈的术语知识服务平台和基于用户实际需求的应用软件,受到使用者的好评。今后,全国科学技术名词审定委员会还要进一步加强战略前瞻,积极应对信息技术与经济社会交汇融合的趋势,探索知识服务、成果转化的新模式、新手段,从支撑创新发展战略的高度,提升服务能力,切实发挥科技名词规范工作的价值和作用。

使命呼唤担当,使命引领未来,新时代赋予我们新使命。全国科学技术名词审定委员会只有准确把握科技名词规范工作的战略定位,创新思路,扎实推进,才能在新时代有所作为。

是为序。

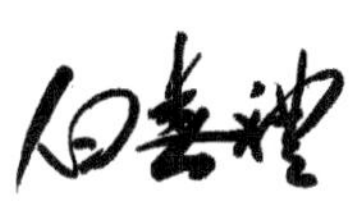

白春礼

2018 年春

路甬祥序

我国是一个人口众多、历史悠久的文明古国,自古以来就十分重视语言文字的统一,主张"书同文、车同轨",把语言文字的统一作为民族团结、国家统一和强盛的重要基础和象征。我国古代科学技术十分发达,以四大发明为代表的古代文明,曾使我国居于世界之巅,成为世界科技发展史上的光辉篇章。而伴随科学技术产生、传播的科技名词,从古代起就已成为中华文化的重要组成部分,在促进国家科技进步、社会发展和维护国家统一方面发挥着重要作用。

我国的科技名词规范统一活动有着十分悠久的历史。古代科学著作记载的大量科技名词术语,标志着我国古代科技之发达及科技名词之活跃与丰富。然而,建立正式的名词审定组织机构则是在清朝末年。1909 年,我国成立了科学名词编订馆,专门从事科学名词的审定、规范工作。到了新中国成立之后,由于国家的高度重视,这项工作得以更加系统地、大规模地开展。1950 年政务院设立的学术名词统一工作委员会,以及 1985 年国务院批准成立的全国自然科学名词审定委员会(现更名为全国科学技术名词审定委员会,简称全国科技名词委),都是政府授权代表国家审定和公布规范科技名词的权威性机构和专业队伍。他们肩负着国家和民族赋予的光荣使命,秉承着振兴中华的神圣职责,为科技名词规范统一事业默默耕耘,为我国科学技术的发展做出了基础性的贡献。

规范和统一科技名词,不仅在消除社会上的名词混乱现象,保障民族语言的纯洁与健康发展等方面极为重要,而且在保障和促进科技进步,支撑学科发展方面也具有重要意义。一个学科的名词术语的准确定名及推广,对这个学科的建立与发展极为重要。任何一门科学(或学科),都必须有自己的一套系统完善的名词来支撑,否则这门学科就立不起来,就不能成为独立的学科。郭沫若先生曾将科技名词的规范与统一称为"乃是一个独立自主国家在学术工作上所必须具备的条件,也是实现学术中国化的最起码的条件",精辟地指出了这项基础性、支撑性工作的本质。

在长期的社会实践中,人们认识到科技名词的规范和统一工作对于一个国家的科技发展和文化传承非常重要,是实现科技现代化的一项支撑性的系统工程。没有这样一个系统的规范化的支撑条件,不仅现代科技的协调发展将遇到极大困难,而且在科技日益渗透人们生活各方面、各环节的今天,还将给教育、传播、交流、经贸等多方面带来困难和损害。

全国科技名词委自成立以来,已走过近20年的历程,前两任主任钱三强院士和卢嘉锡院士为我国的科技名词统一事业倾注了大量的心血和精力,在他们的正确领导和广大专家的共同努力下,取得了卓著的成就。2002年,我接任此工作,时逢国家科技、经济飞速发展之际,因而倍感责任的重大;及至今日,全国科技名词委已组建了60个学科名词审定分委员会,公布了50多个学科的63种科技名词,在自然科学、工程技术与社会科学方面均取得了协调发展,科技名词蔚成体系。而且,海峡两岸科技名词对照统一工作也取得了可喜的成绩。对此,我实感欣慰。这些成就无不凝聚着专家学者们的心血与汗水,无不闪烁着专家学者们的集体智慧。历史将会永远铭刻着广大专家学者孜孜以求、精益求精的艰辛劳作和为祖国科技发展做出的奠基性贡献。宋健院士曾在1990年全国科技名词委的大会上说过:"历史将表明,这个委员会的工作将对中华民族的进步起到奠基性的推动作用。"这个预见性的评价是毫不为过的。

科技名词的规范和统一工作不仅仅是科技发展的基础,也是现代社会信息交流、教育和科学普及的基础,因此,它是一项具有广泛社会意义的建设工作。当今,我国的科学技术已取得突飞猛进的发展,许多学科领域已接近或达到国际前沿水平。与此同时,自然科学、工程技术与社会科学之间交叉融合的趋势越来越显著,科学技术迅速普及到了社会各个层面,科学技术同社会进步、经济发展已紧密地融为一体,并带动着各项事业的发展。所以,不仅科学技术发展本身产生的许多新概念、新名词需要规范和统一,而且由于科学技术的社会化,社会各领域也需要科技名词有一个更好的规范。另一方面,随着香港、澳门的回归,海峡两岸科技、文化、经贸交流不断扩大,祖国实现完全统一更加迫近,两岸科技名词对照统一任务也十分迫切。因而,我们的名词工作不仅对科技发展具有重要的价值和意义,而且在经济发展、社会进步、政治稳定、民族团结、国家统一和繁荣等方面都具有不可替代的特殊价值和意义。

最近,中央提出树立和落实科学发展观,这对科技名词工作提出了更高的要求。我们要按照科学发展观的要求,求真务实,开拓创新。科学发展观的本质与核心是以人为本,我们要建设一支优秀的名词工作队伍,既要保持和发扬老一辈科技名词工作者的优良传统，坚持真理、实事求是、甘于寂寞、淡泊名利，又要根据新形势的要求，面向未来、协调发展、与时俱进、锐意创新。此外，我们要充分利用网络等现代科技手段，使规范科技名词得到更好的传播和应用，为迅速提高全民文化素质做出更大贡献。科学发展观的基本要求是坚持以人为本，全面、协调、可持续发展，因此，科技名词工作既要紧密围绕当前国民经济建设形势，着重开展好科技领域的学科名词审定工作，同时又要在强调经济社会以及人与自然协调发展的思想指导下，开展好社会科学、文化教育和资源、生态、环境领域的科学名词审定工作，促进各个学科领域的相互融合和共同繁荣。科学发展观非常注重可持续发展的理念，因此，我们在不断丰富和发展已建立的科技名词体系的同时，还要进一步研究具有中国特色的术语学理论，以创建中国的术语学派。研究和建立中国特色的术语学理论，也是一种知识创新，是实现科技名词工作可持续发展的必由之路，我们应当为此付出更大的努力。

当前国际社会已处于以知识经济为走向的全球经济时代，科学技术发展的步伐将会越来越快。我国已加入世贸组织，我国的经济也正在迅速融入世界经济主流，因而国内外科技、文化、经贸的交流将越来越广泛和深入。可以预言，21 世纪中国的经济和中国的语言文字都将对国际社会产生空前的影响。因此，在今后 10 到 20 年之间，科技名词工作就变得更具现实意义，也更加迫切。"路漫漫其修远兮，吾今上下而求索"，我们应当在今后的工作中，进一步解放思想，务实创新、不断前进。不仅要及时地总结这些年来取得的工作经验，更要从本质上认识这项工作的内在规律，不断地开创科技名词统一工作新局面，做出我们这代人应当做出的历史性贡献。

2004 年深秋

卢 嘉 锡 序

科技名词伴随科学技术而生,犹如人之诞生其名也随之产生一样。科技名词反映着科学研究的成果,带有时代的信息,铭刻着文化观念,是人类科学知识在语言中的结晶。作为科技交流和知识传播的载体,科技名词在科技发展和社会进步中起着重要作用。

在长期的社会实践中,人们认识到科技名词的统一和规范化是一个国家和民族发展科学技术的重要的基础性工作,是实现科技现代化的一项支撑性的系统工程。没有这样一个系统的规范化的支撑条件,科学技术的协调发展将遇到极大的困难。试想,假如在天文学领域没有关于各类天体的统一命名,那么,人们在浩瀚的宇宙当中,看到的只能是无序的混乱,很难找到科学的规律。如是,天文学就很难发展。其他学科也是这样。

古往今来,名词工作一直受到人们的重视。严济慈先生60多年前说过,"凡百工作,首重定名;每举其名,即知其事"。这句话反映了我国学术界长期以来对名词统一工作的认识和做法。古代的孔子曾说"名不正则言不顺",指出了名实相副的必要性。荀子也曾说"名有固善,径易而不拂,谓之善名",意为名有完善之名,平易好懂而不被人误解之名,可以说是好名。他的"正名篇"即是专门论述名词术语命名问题的。近代的严复则有"一名之立,旬月踟蹰"之说。可见在这些有学问的人眼里,"定名"不是一件随便的事情。任何一门科学都包含很多事实、思想和专业名词,科学思想是由科学事实和专业名词构成的。如果表达科学思想的专业名词不正确,那么科学事实也就难以令人相信了。

科技名词的统一和规范化标志着一个国家科技发展的水平。我国历来重视名词的统一与规范工作。从清朝末年的科学名词编订馆,到1932年成立的国立编译馆,以及新中国成立之初的学术名词统一工作委员会,直至1985年成立的全国自然科学名词审定委员会(现已更名为全国科学技术名词审定委员会,简称全国科技名词委),其使命和职责都是相同的,都是审定和公布规范名词的权威性机构。现在,参与全国科技名词委领导工作的单位有中国科学院、科学技术部、教育部、中国科学技术协会、国家自然科学基金委员会、新闻出版署、国家质量技术监督局、国家广播电影电视总局、国家知识产权局和国家语言文字工作委员会,这些部委各自选派了有关领导干部担任全国科技名词委的领导,有力地推动科技名词的统一和推广应用工作。

全国科技名词委成立以后,我国的科技名词统一工作进入了一个新的阶段。在第一任主任委员钱三强同志的组织带领下,经过广大专家的艰苦努力,名词规范和统一工作取得了显著的成绩。1992年三强同志不幸谢世。我接任后,继续推动和开展这项工作。在国家和有关部门的支持及广大专家学者的努力下,全国科技名词委15年来按学科共组建了50多个学科的名词审定分委员会,有1800多位专家、学者参加名词审定工作,还有更多的专家、学者参加书面审查和座谈讨论等,形成的科技名词工作队伍规模之大、水平层次之高前所未有。15年间共审定公布了包括理、工、农、医及交叉学科等各学科领域的名词共计50多种。而且,对名词加注定义的工作经试点后业已逐渐展开。另外,遵照术语学理论,根据汉语汉字特点,结合科技名词审定工作实践,全国科技名词委制定并逐步完善了一套名词审定工作的原则与方法。可以说,在20世纪的最后15年中,我国基本上建立起了比较完整的科技名词体系,为我国科技名词的规范和统一奠定了良好的基础,对我国科研、教学和学术交流起到了很好的作用。

在科技名词审定工作中,全国科技名词委密切结合科技发展和国民经济建设的需要,及时调整工作方针和任务,拓展新的学科领域开展名词审定工作,以更好地为社会服务、为国民经济建设服务。近些年来,又对科技新词的定名和海峡两岸科技名词对照统一工作给予了特别的重视。科技新词的审定和发布试用工作已取得了初步成效,显示了名词统一工作的活力,跟上了科技发展的步伐,起到了引导社会的作用。两岸科技名词对照统一工作是一项有利于祖国统一大业的基础性工作。全国科技名词委作为我国专门从事科技名词统一的机构,始终把此项工作视为自己责无旁贷的历史性任务。通过这些年的积极努力,我们已经取得了可喜的成绩。做好这项工作,必将对弘扬民族文化,促进两岸科教、文化、经贸的交流与发展做出历史性的贡献。

科技名词浩如烟海,门类繁多,规范和统一科技名词是一项相当繁重而复杂的长期工作。在科技名词审定工作中既要注意同国际上的名词命名原则与方法相衔接,又要依据和发挥博大精深的汉语文化,按照科技的概念和内涵,创造和规范出符合科技规律和汉语文字结构特点的科技名词。因而,这又是一项艰苦细致的工作。广大专家学者字斟句酌,精益求精,以高度的社会责任感和敬业精神投身于这项事业。可以说,全国科技名词委公布的名词是广大专家学者心血的结晶。这里,我代表全国科技名词委,向所有参与这项工作的专家学者们致以崇高的敬意和衷心的感谢!

审定和统一科技名词是为了推广应用。要使全国科技名词委众多专家多年的劳动成果——规范名词,成为社会各界及每位公民自觉遵守的规范,需要全社会的理解和支持。国务院和4个有关部委[国家科委(今科学技术部)、中国科学院、国家教委(今教育部)和新闻出版署]已分别于1987年和1990年行文全国,要求全国各科研、教学、生产、经营以及新闻出版等单位遵照使用全国科技名词委审定公布的名词。希望社会各界自觉认真地执行,共同做好这项对于科技发展、社会进步和国家统一极为重要的基础工作,为振兴中华而努力。

值此全国科技名词委成立15周年、科技名词书改装之际,写了以上这些话。是为序。

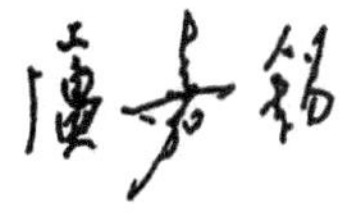

卢嘉锡

2000 年夏

钱 三 强 序

科技名词术语是科学概念的语言符号。人类在推动科学技术向前发展的历史长河中,同时产生和发展了各种科技名词术语,作为思想和认识交流的工具,进而推动科学技术的发展。

我国是一个历史悠久的文明古国,在科技史上谱写过光辉篇章。中国科技名词术语,以汉语为主导,经过了几千年的演化和发展,在语言形式和结构上体现了我国语言文字的特点和规律,简明扼要,蓄意深切。我国古代的科学著作,如已被译为英、德、法、俄、日等文字的《本草纲目》、《天工开物》等,包含大量科技名词术语。从元、明以后,开始翻译西方科技著作,创译了大批科技名词术语,为传播科学知识,发展我国的科学技术起到了积极作用。

统一科技名词术语是一个国家发展科学技术所必须具备的基础条件之一。世界经济发达国家都十分关心和重视科技名词术语的统一。我国早在 1909 年就成立了科学名词编订馆,后又于 1919 年由中国科学社成立了科学名词审定委员会,1928 年由大学院成立了译名统一委员会。1932 年成立了国立编译馆,在当时教育部主持下先后拟订和审查了各学科的名词草案。

新中国成立后,国家决定在政务院文化教育委员会下,设立学术名词统一工作委员会,郭沫若任主任委员。委员会分设自然科学、社会科学、医药卫生、艺术科学和时事名词五大组,聘任了各专业著名科学家、专家,审定和出版了一批科学名词,为新中国成立后的科学技术的交流和发展起到了重要作用。后来,由于历史的原因,这一重要工作陷于停顿。

当今,世界科学技术迅速发展,新学科、新概念、新理论、新方法不断涌现,相应地出现了大批新的科技名词术语。统一科技名词术语,对科学知识的传播,新学科的开拓,新理论的建立,国内外科技交流,学科和行业之间的沟通,科技成果的推广、应用和生产技术的发展,科技图书文献的编纂、出版和检索,科技情报的传递等方面,都是不可缺少的。特别是计算机技术的推广使用,对统一科技名词术语提出了更紧迫的要求。

为适应这种新形势的需要,经国务院批准,1985 年 4 月正式成立了全国自然科学名词审定委员会。委员会的任务是确定工作方针,拟定科技名词术语审定工作计划、实施方案和步骤,组织审定自然科学各学科名词术语,并予以公布。根据国务院授权,委员会审定公布的名词术语,科研、教学、生产、经营以及新闻出版等各部门,均应遵照使用。

全国自然科学名词审定委员会由中国科学院、国家科学技术委员会、国家教育委员会、中国科学技术协会、国家技术监督局、国家新闻出版署、国家自然科学基金委员会分别委派了正、副主任担任领导工作。在中国科协各专业学会密切配合下,逐步建立各专业审定分委员会,并已建立起一支由各学科著名专家、学者组成的近千人的审定队伍,负责审定本学科的名词术语。我国的名词审定工作进入了一个新的阶段。

这次名词术语审定工作是对科学概念进行汉语订名,同时附以相应的英文名称,既有我国语言特色,又方便国内外科技交流。通过实践,初步摸索了具有我国特色的科技名词术语审定的原则与方法,以及名词术语的学科分类、相关概念等问题,并开始探讨当代术语学的理论和方法,以期逐步建立起符合我国语言规律的自然科学名词术语体系。

统一我国的科技名词术语,是一项繁重的任务,它既是一项专业性很强的学术性工作,又涉及到亿万人使用习惯的问题。审定工作中我们要认真处理好科学性、系统性和通俗性之间的关系;主科与副科间的关系;学科间交叉名词术语的协调一致;专家集中审定与广泛听取意见等问题。

汉语是世界五分之一人口使用的语言,也是联合国的工作语言之一。除我国外,世界上还有一些国家和地区使用汉语,或使用与汉语关系密切的语言。做好我国的科技名词术语统一工作,为今后对外科技交流创造了更好的条件,使我炎黄子孙,在世界科技进步中发挥更大的作用,做出重要的贡献。

统一我国科技名词术语需要较长的时间和过程,随着科学技术的不断发展,科技名词术语的审定工作,需要不断地发展、补充和完善。我们将本着实事求是的原则,严谨的科学态度做好审定工作,成熟一批公布一批,提供各界使用。我们特别希望得到科技界、教育界、经济界、文化界、新闻出版界等各方面同志的关心、支持和帮助,共同为早日实现我国科技名词术语的统一和规范化而努力。

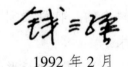

1992 年 2 月

前　言

　　"化工"一词是化学工程和化学工业的简称,其中化学工程作为国家一级学科,是研究化学工业和其他过程工业生产中所进行的化学过程和物理过程共同规律的一门工程科学,也是化学工业的核心支撑学科;而化学工业涉及石油炼制、基本有机化工、无机化工与化肥、高分子化工、生物化工、精细化工等众多生产专业领域,以及公用工程、环保安全、工程设计与施工等诸多辅助专业。

　　化学工业属于流程性制造行业,能利用自然界存在的水、空气及盐、煤与石油等矿产资源作为原料,利用化学反应及物理加工过程改变物质的结构、成分、形态,经济地、大规模地制造并提供人类生活所需要而自然界又不存在的交通运输燃料、合成材料、化肥和各种化学品,包括汽油、柴油与喷气燃料、化肥、合成树脂、合成橡胶、合成纤维、无机酸碱盐、药品等重要物资。

　　我国是石化大国,化学工业是支撑我国国民经济的重要支柱产业。化工产业对国民经济的贡献举足轻重,2016 年全国 GDP 的约 13% 由化学工业贡献。从 2013 年起,我国化学工业规模已超越美国位居全球第一,炼油产业和乙烯产业规模均居世界第二,仅位于美国之后,行业的核心企业集团中国石化和中国石油 2016 年分别高居世界财富 500 强第三和第四。

　　自 1995 年全国科学技术名词审定委员会(以下简称全国科技名词委)发布第一版《化学工程名词》以来,距今已过去 20 年。这 20 年内,化工领域页岩气和致密油等新原料、甲醇制烯烃(MTO)等新工艺、高端石化新产品以及新学科、新概念、新理论、新方法不断涌现,包括石油炼制、石油化工在内的我国化工产业也取得了巨大的发展成就。通过科技创新,突破了一大批制约行业发展的核心关键技术;化学工程学科本身发展也十分迅速,在过程强化、离子液体、微反应工程、产品工程、介尺寸流动等诸多方面取得了新进展,并孕育出一些重要的新型分支学科。与此相关联,也涌现出一大批新的化工科学技术名词。因此,对第一版《化学工程名词》进行扩充、修订以及增加名词定义十分必要,这对于生产、科研、教学,以及实施"走出去"战略、加强国内外学术交流和知识传播,促进科学技术和经济建设的发展,具有十分重要的意义。

　　此版化工名词具有三大特色,一是名词均加注有简洁的定义;二是名词收词范围从第一版的化学工程学科扩展到化学工业;三是确定化学工业为大化工范畴:包含有石油炼制、石油化工和传统化工等 11 个不同的化工专业以及辅助专业领域。

　　受全国科技名词委委托,中国化工学会于 2013 年 7 月 17 日启动了《化工名词》第二版的审定工作,按照《化工名词》第二版的学科(专业)框架,组建了《化工名词》第二版的审定委员会并相继组建了 11 个分委员会(以下简称分委会)。

　　2013 年 8 月 9 日,基本有机化工名词审定分委会召开工作启动会,组建并开展实质工作。分委会依托中国石化上海石油化工研究院,由来自中国石油化工集团公司、中国石油天然气集团公司、中国海洋石油总公司、华东理工大学、浙江大学等企业、著名高校和研究院所的专家担任委员，包括袁晴棠、关兴亚、包信和3位院士；编委会下设秘书处，由中国石油化工集团公司上海石油化工研究院有关人员组成。

基本有机化工名词审定工作分石油化工、煤化工、天然气化工三个专业组收词，紧密围绕基本有机原料生产加工过程，分别收录以石油、煤炭、天然气为原料的三条技术路线所涉及的技术术语及相关通用词条。通过下设二三级目录对收录词条进行分类，"通类"收录与基本有机化工密切相关的通用术语，"原料与产品"收录基本有机化工原料生产过程中涉及的重要自然资源和化学品名，"反应与三剂"收录与基本有机化工生产密切相关的关键化学反应及催化剂、溶剂和添加剂，"工艺过程与设备"下设子目录，按照与通用、石油化工、煤化工、天然气化工四类工艺路线的相关度分类收录工艺过程与设备相关术语。

2014年4月1日，基本有机化工名词审定分委会召开收词阶段工作会议，听取了各专业组的收词工作汇报，确定了统一的收录和审定原则，对收录的6120个名词进行了收录审查，会后秘书处根据专家意见和建议对词条进行了全面审查，并进行查重和去重，删除重复、不恰当的词条3857条，保留词条2263个。

2014年5月28日，基本有机化工名词审定分委会秘书处召开专业组审定会议，根据收词的实际情况调整二三级目录，对收词阶段工作会议形成的查重修订稿开展了细致的讨论和修订。会后，委托华东理工大学专家委员对收词内容开展学术性审查，并于7月组织各领域专家开展英文定名的审查工作。

2014年9月10日，基本有机化工名词审定分委会向化工学会和全国科技名词委提交收词表，开展内部查重。分委会根据查重结果，召开内部查重协调会讨论了对重复名词的处理意见，取得了协调一致，删除重复词条360个，保留1903个词条，并立即组织各领域专家开展词条的定义工作。根据基本有机化工技术的最新进展，新增页岩气、天然气水合物等非常规油气资源名词，微通道反应器等过程强化设备名词，以及煤制烯烃工艺、甲醇制烯烃工艺等煤化工新名词。

2014年11月，完成词条定义工作，形成基本有机化工名词定义稿，并组织三个专业组相关专家，召开两次定义讨论会，逐条讨论审查了基本有机化工名词的中文定名、英文和定义，形成定义稿。

为保证定名和定义的准确性、权威性，分委会于2015年2月和3月，先后召开两次名词通读审稿会，石油化工、煤化工、天然气化工3个专业领域内的16名专家委员参会，历时12天，采用逐条通读、逐条讨论的审查方式，对稿件收录的名词的中英文名称及定义进行了认真、全面的讨论、推敲和修改，删除不恰当、涵义重复的词条，并就定义词条的准确性、简洁性达成统一意见。会后，根据学科和技术从属关系，对词条进行顺序调整、内容归并，最终形成词条数量为1132条的终审稿，提交分委会所有委员审查。

2015年4月17日，基本有机化工名词审定分委会召开终审工作会议。会上，专家委员讨论审查了终审稿中词条中英文定名、定义的准确性和规范性，并进行了统一修正。会后，各专业组和秘书处根据终审意见整理、修订词条，形成终审修改稿。

基本有机化工名词审定分委会秘书处于 2015 年 4 月底完成了稿件修改、统稿工作，经基本有机化工名词审定分委会主任审定后，提交中国化工学会。中国化工学会于 4 月 30 日正式将《基本有机化工名词》上报全国科技名词委。2015 年 5 月全国科技名词委安排上海石油化工研究院原院长陈庆龄和原副院长兼总工程师卢文奎教授级高工进行专家复审。

2015 年 6 月初收到复审意见后，秘书处即把这些意见和建议进行整理，由分委会部分委员及秘书处成员共同讨论修改，对二位复审人所提的意见和建议逐条进行了讨论，绝大多数予以采纳，对个别有争议的词又查阅相关资料，咨询了撰写专家，对存在的歧义、有误的情况进行了合理的修改。最后，经分委会主任袁晴棠院士审查同意，最终确定上报 1120 个中英文名词及定义。

基本有机化工名词的审定工作严格按照全国科技名词委的规定，经历了收词、定名、定义、专家一审、查重、专家二审、专家通读审稿（三审）、全国科技名词委专家复审等流程，最终按照学科（专业）框架的三级目录体系，收录通类、原料与产品、反应与三剂、工艺过程与设备带定义的名词共1120 个。其中通类名词 19 个，原料与产品名词 253 个，反应与三剂名词 224 个，工艺过程与设备624 个。

在五年多的审定工作中，化工学会、各分支委员会、全国化工界同仁，以及有关专家、学者，都给予了热情的支持和帮助，谨此表示衷心的感谢。名词审定是一项浩繁的基础性工作，不可避免地存在各种错误和不足，同时，现在公布的名词与定义只能反映当前的学术水平，随着科学技术的发展，还将适时修订。希望大家对化工名词审定工作继续给予关心和支持，并在使用过程中对其中存在的问题继续提出宝贵的意见，以便今后修订时参考，使之更加完善。

化工名词审定委员会

2018 年 12 月

编 排 说 明

一、本书公布的是化工名词中基本有机化工领域的基本词,共1120条,每条名词均给出了定义或注释。

二、全书分4部分:通类、原料与产品、反应与三剂、工艺过程与设备。

三、正文按汉文名所属学科的相关概念体系排列。汉文名后给出了与该词概念相对应的英文名。

四、每个汉文名都附有相应的定义或注释。定义一般只给出其基本内涵,注释则扼要说明其特点。

当一个汉文名有不同的概念时,则用(1)、(2)……表示。

五、一个汉文名对应几个英文同义词时,英文词之间用","分开。

六、凡英文词的首字母大、小写均可时,一律小写;英文除必须用复数者,一般用单数形式。

七、"[ ]"中的字为可省略的部分。

八、主要异名和释文中的条目用楷体表示。"全称""简称"是与正名等效使用的名词;"又称"为非推荐名,只在一定范围内使用;"俗称"为非学术用语;"曾称"为已淘汰的旧名。

九、正文后所附的英汉索引按英文字母顺序排列;汉英索引按汉语拼音顺序排列。所示号码为该词在正文中的序码。索引中带"*"者为规范名的异名或在释文中出现的条目。

目　录

01. 通 类

01.001 基本有机化学工业 basic organic chemical industry
简称"基本有机化工"。以石油、天然气、煤炭等含碳物质为原料生产大宗有机化学品的工业。

01.002 石油化工 petrochemical industry
以石油为主要原料生产化学品的工业。

01.003 煤化工 coal chemical industry
以煤为原料,经化学加工使煤转化为气体、液体和固体燃料以及化学品的工业。包括传统煤化工和现代煤化工。

01.004 天然气化工 natural gas chemical industry
以天然气为原料生产化学品的工业。

01.005 碳一化工 C₁ chemical industry
以含有一个碳原子的化合物为主要原料合成化学品、燃料的工业。

01.006 合成气化工 syngas chemical industry
以一氧化碳、氢气等作为主要原料生产化学品的工业。

01.007 甲醇化工 methanol chemical industry
以甲醇为主要原料生产化学品的工业。

01.008 生物质化工 biomass chemical industry
以生物质为主要原料生产化学品的工业。

01.009 绿色化工过程 green chemical process
低物耗、低能耗、低污染的化学品生产过程。

01.010 有机化合物 organic compound
分子中包含碳氢键的化合物及其衍生物。

01.011 化学品 chemicals
各种化学元素组成的天然或人造的单质、化合物和混合物。

01.012 有机原料 organic raw material
用于生产化学品的有机化合物。

01.013 基本有机原料 basic organic raw material
用于生产化学品的大宗有机化合物。

01.014 基础化学品 basic chemicals
被广泛作为化工基础原料的有机化学品和无机化学品。

01.015 大宗化学品 bulk chemicals
同质化、可大批量交易的有机化学品和无机化学品。

01.016 石油化学品 petrochemicals
以石油为主要原料生产的化学品。

01.017 中间体 intermediate〔product〕
(1)化工生产链中介于基础化学品和终端销售品之间的一类化学品。(2)化工生产过程中,从起始原料到最终产物之间产生的物质。

01.018 副产品 by-product
化工生产过程中产生的除目标产品以外的其他产品。

01.019 联产品 co-product
又称"联产物"。同一化工生产过程产生的两种及两种以上的目标产品。

02. 原料与产品

02.001 裂解汽油 pyrolysis gasoline
烃类蒸气裂解制乙烯过程中产生的轻质液体产物。沸程范围 $50 \sim 200℃$，主要成分为 $C_6 \sim C_9$ 烃类。

02.002 烷基化油 alkylate oil
以烯烃和异构烷烃为原料，经烷基化反应生产的高辛烷值汽油组分。

02.003 轻循环油 light cycle oil, LCO
催化裂化过程中副产物含有大量单环及多环芳烃、十六烷值很低的柴油组分。

02.004 绿油 green oil
乙烯装置中，碳二、碳三烃加氢时由聚合副反应形成的褐绿色透明的低聚物。主要组成是碳数为 $4 \sim 20$ 的不饱和烃。

02.005 抽余油 raffinate oil
经萃取分离后不溶于溶剂的组分。通常指石油炼制过程中富含芳烃的催化重整产物经萃取芳烃后剩余的馏分；也指裂解碳四馏分萃取丁二烯后剩余的组分。

02.006 拔头油 topped oil
重整原料经预分馏而获得的沸点低于 $70℃$ 的馏分。主要是碳五以下组分。

02.007 馏分 distillate
又称"馏分油"。原油或其他油品及其二次加工产物蒸馏时切割成各种沸点范围的液态烃类混合物。

02.008 减压馏分油 vacuum distillate, vacuum gas oil, VGO
又称"减压瓦斯油"。原油经减压蒸馏所得到的馏分。一般常压下其沸程为 $350 \sim$ 500℃。

02.009 混合碳四 C_4 mixture
石油炼制或石油化工生产中获得的碳数为 4 的烃类混合物。

02.010 醚后碳四 C_4 raffinate from MTBE unit
混合碳四经与醇类醚化反应后，剩余不含异丁烯的混合物。

02.011 混合碳五 C_5 mixture
石油炼制或石油化工生产中获得的碳数为 5 的烃类混合物。

02.012 碳八馏分 C_8 fraction
石油炼制或石油化工生产中获得的碳数为 8 的烃类混合物。

02.013 碳九馏分 C_9 fraction
石油炼制或石油化工生产中获得的碳数为 9 的烃类混合物。

02.014 碳十馏分 C_{10} fraction
石油炼制或石油化工生产中获得的碳数为 10 的烃类混合物。

02.015 关联指数 bureau of mines correlation index
又称"芳烃指数""BMCI 值（BMCI）"。以相对密度和沸点组合起来表征油品芳构性的参数。原是美国矿物局相关指数（U. S. Bureau of Mines Correlation Index）一词的缩写，设定正己烷为 0，苯为 100。用于衡量生产乙烯的瓦斯油裂解原料的裂解性能，并关联乙烯的大致收率。

02.016　族组成　group composition

又称"PONA 值"。石油馏分中,链烷烃(P,即 paraffin)、烯烃(O,即 olefin)、环烷烃(N,即 naphthene)和芳烃(A,即 aromatics)4 类烃类分子所占的比例。在一定程度上可反映原料的裂解特性,是表征石脑油馏分裂解性能的主要指标。

02.017　烃分压　hydrocarbon partial pressure

混合气体总压中烃类分子所占压力的比例。

02.018　溴价　bromine value

又称"溴值"。100g 样品所消耗的单质溴的克数表示。

02.019　碳氢化合物　hydrocarbon

又称"烃"。由碳和氢两种元素组成的有机化合物。

02.020　轻烃　light hydrocarbon

碳数低于 6 的烃及其混合物。

02.021　脂肪族化合物　aliphatic compound

不含芳香环结构的烃及其衍生物。

02.022　脂肪烃　aliphatic hydrocarbon

又称"脂烃"。不含芳香环结构的烃。包括链状烃类(开链烃类)和除芳香族化合物以外的环状烃。

02.023　饱和脂肪烃　saturated aliphatic hydrocarbon

碳原子间均以饱和单键结合,不含双键和三键的烃。

02.024　烷烃　alkane, paraffin

分子结构中仅含有饱和键的烃。

02.025　正构烷烃　normal paraffin, n-alkane

又称"直链烷烃"。碳链呈直链状排列的烷烃。

02.026　异构烷烃　isoparaffin, isoalkane

碳链中含有支链的烷烃。

02.027　环烷烃　cycloparaffin, cycloalkane

分子中含有碳环结构的饱和烃。

02.028　链烷烃　paraffin hydrocarbon

分子中不含碳环结构的饱和烃。

02.029　甲烷　methane

俗称"沼气"。化学式为 CH_4,是天然气的主要成分,主要用作燃料,也可作为化工原料用于生产乙炔、合成氨、四氯化碳等。

02.030　乙烷　ethane

化学式为 CH_3CH_3,存在于天然气和石油,主要用于裂解制乙烯,也用作制冷剂。

02.031　二氯乙烷　dichloroethane

化学式为 $ClCH_2CH_2Cl$,由乙烯氯化制得,主要用作溶剂,也用于制造化学品、农药、药物等。

02.032　丙烷　propane

化学式为 $CH_3CH_2CH_3$,主要由原油或天然气处理制得,主要用作燃料、蒸气裂解制烯烃原料。

02.033　丁烷　butane

分子式为 C_4H_{10},有正丁烷和异丁烷 2 种异构体,由油田气、湿性天然气和裂解气分离制得,主要用作燃料、溶剂、制冷剂和有机合成原料。

02.034　戊烷　pentane

分子式为 C_5H_{12},有正戊烷、异戊烷、新戊烷 3 种异构体。主要由天然气或石油裂解、分离制得,用作溶剂、发泡剂、燃料和有机合成原料。

02.035　己烷　hexane

分子式为 C_6H_{14},有正己烷、2-甲基戊烷、3-甲基戊烷、2,3-二甲基丁烷和 2,2-二甲基丁烷 5 种同分异构体。由石油加工、分离制得,主要用作溶剂、有机合成原料。

02.036　不饱和脂肪烃　unsaturated aliphatic

hydrocarbon

分子结构中含有不饱和键的脂肪烃。分为烯烃和炔烃。

02.037 烯烃 alkene, olefin

分子中含有碳碳双键的脂肪烃。分为单烯、二烯和多烯烃。

02.038 低碳烯烃 light olefin

碳原子数在 2 ~ 4 之间的烯烃。即乙烯、丙烯和丁烯等小分子烯烃的总称。

02.039 α-烯烃 alpha-olefin

碳碳双键在分子链端部的单烯烃。

02.040 内烯烃 internal olefin

碳碳双键不在分子链端部的烯烃。

02.041 直链烯烃 liner olefin, normal alkene, normal olefin

又称"正构烯烃"。分子中无支链结构的链状烯烃。

02.042 支链烯烃 branched olefin, branched alkene

分子中含有支链结构的链状烯烃。

02.043 环烯烃 cycloolefin, cycloalkene

碳环结构中含有碳碳双键的脂肪烃。

02.044 单烯烃 monoolefin

分子结构中仅含 1 个碳碳双键的烯烃。

02.045 乙烯 ethylene

化学式为 CH_2CH_2，主要由烃类裂解生产，是用途最广泛的基本有机化工原料，可用于生产聚合物材料和有机化学品。

02.046 丙烯 propylene, propene

化学式为 CH_2CHCH_3。主要由烃类裂解和催化裂化工艺生产，也可由甲醇制烯烃工艺生产。是重要有机工业原料，可用于生产合成树脂、合成橡胶及多种有机化工原料和精细化学品。

02.047 丁烯 butene

分子式为 C_4H_8，有 1-丁烯、2-丁烯和异丁烯 3 种异构体，其中 2-丁烯又分为顺式和反式 2 种。主要由碳四馏分分离制得，是重要的基础化工原料，可用于生产合成树脂、合成橡胶及多种有机化工原料和精细化学品。

02.048 异丁烯 isobutene

化学式为 $CH_2C(CH_3)_2$，主要由碳四馏分分离制得，也可经叔丁醇脱水、醚化裂解制得。是重要的化工原料，主要用于生产丁基橡胶、聚异丁烯等聚合物材料，也用于生产有机化学品。

02.049 二烯烃 diene, diolefin, alkadiene

含有 2 个碳碳双键的烯烃。包括共轭二烯和非共轭二烯。

02.050 丁二烯 butadiene

分子式为 C_4H_6，主要由裂解碳四分离制得，是合成橡胶的主要原料，也用于生产多种基础化学品、精细化学品。

02.051 异戊烯 isoamylene

分子式为 C_5H_{10}，有 2-甲基-1-丁烯、2-甲基-2-丁烯、3-甲基-1-丁烯三种异构体。主要由碳五馏分分离制得，主要用于生产有机化学品和燃料。

02.052 异戊二烯 isoprene

化学式为 $CH_2C(CH_3)CHCH_2$，主要由裂解碳五馏分分离制得，也可由异戊烷脱氢制得。主要用于合成异戊橡胶，也可用于生产树脂、农药、香料等。

02.053 环戊二烯 cyclopentadiene

分子式为 C_5H_6，具有五元环结构的环状二烯烃。主要由裂解碳五馏分分离制得，主要用于生产农药、石油树脂、合成橡胶。

02.054 双环戊二烯 dicyclopentadiene

又称"二聚环戊二烯"。分子式为 $C_{10}H_{12}$，是环戊二烯经第尔斯-阿尔德反应而生成的二聚体,有内型与外型两种异构体。主要用于制造金属有机化合物、二茂铁、杀虫剂、石油树脂等。

02.055　多烯烃　polyene hydrocarbon
含 2 个及以上碳碳双键的烃。

02.056　共轭烯烃　conjugate alkene, conjugate olefin
双键和单键相互交替排列的一类含碳-碳双键的烯烃。

02.057　炔烃　alkyne
分子中含有碳碳三键的不饱和链烃。根据三键的数目,可分为单炔烃和多炔烃。

02.058　乙炔　acetylene
俗称"电石气"。化学式为 C_2H_2,由电石(碳化钙)与水反应制得,也可由甲烷裂解制得。主要用作制造乙醛、乙酸、苯等基本有机化学品和合成橡胶、合成纤维的基本原料。

02.059　卤代烃　halohydrocarbon
烃分子中 1 个或多个氢原子被卤素原子取代而形成的有机物。

02.060　三氯甲烷　trichloromethane
俗称"氯仿(chloroform)"。化学式为 $HCCl_3$,由甲烷氯化制得。主要用作溶剂,也用于生产氟利昂、染料、药品等。

02.061　氯乙烯　vinyl chloride
化学式为 CH_2CHCl。主要由乙烯与氯加成后脱氯化氢制得,主要用于生产聚氯乙烯,也可用作制冷剂、杀虫剂等。

02.062　萜烯　terpene
以异戊二烯为单位首尾相联形成的直链或环状烯烃类。

02.063　卡宾　carbene
又称"碳烯"。化学式 C_nH_{2n} 含有 2 个未成键电子的电中性二价碳原子中间体。

02.064　醇　alcohol
烃分子中的 1 个或几个氢原子被羟基替代的有机物。

02.065　脂肪醇　fatty alcohol, aliphatic alcohol
脂肪烃中的 1 个或几个氢原子被羟基替代的化合物。

02.066　芳香醇　aromatic alcohol
芳烃中苯环侧链上的氢原子被羟基替代的化合物。

02.067　一元醇　monohydric alcohol
含有 1 个羟基的醇。

02.068　甲醇　methanol
又称"木醇"。俗称"木精"。化学式为 CH_3OH,由一氧化碳和氢气制得。主要用于制造甲醛、甲胺、乙二醇等多种有机化学品以及农药等,也用作溶剂、燃料。

02.069　乙醇　ethanol
化学式为 CH_3CH_2OH,主要由淀粉发酵或乙烯水合制得。主要用于制造乙酸等有机化学品,也可用作燃料、溶剂、消毒剂。

02.070　正丁醇　n-butyl alcohol, normal-butanol
化学式为 $CH_3(CH_2)_3OH$,由生物发酵或丙烯与合成气经羰基合成制得。主要用于生产增塑剂,也用作有机合成原料、萃取剂、溶剂等。

02.071　异丁醇　iso-butyl alcohol, iso-butanol
化学式为 $CH_3CH(CH_3)CH_2OH$,主要由丙烯与合成气经羰基合成制得,也可由异丁醛加氢制得。主要用作有机合成原料、溶剂。

02.072　仲丁醇　sec-butyl alcohol, sec-butanol
又称"甲基乙基甲醇"。化学式为 $CH_3CH_2CH(CH_3)OH$,主要由丁烯水合制得,主要用于生产甲乙酮等有机化学品,也用作抗乳化剂、脱水剂、助溶剂等。

02.073 叔丁醇 *tert*-butyl alcohol, *tert*-buta-nol

化学式为 $C(CH_3)_3OH$,由异丁烯水合制得,主要用作溶剂、燃料添加剂以及有机合成的原料和中间体。

02.074 辛醇 octyl alcohol, octanol

分子式为 $C_8H_{18}O$,主要由丙烯氢甲酰化生成正丁醛,再缩合脱水、加氢等制得。主要用于生产增塑剂、萃取剂等,也可用作溶剂和香料中间体。

02.075 烯醇 enol

含有碳碳双键和羟基官能团的化合物。

02.076 炔醇 alkynol

含有碳碳三键和羟基官能团的化合物。

02.077 多元醇 polyhydric alcohol, polyol

含有 2 个及以上羟基官能团的醇。

02.078 乙二醇 ethylene glycol

俗称"甘醇"。化学式为 $(CH_2OH)_2$,由环氧乙烷水合制得,也可以煤为原料经合成气、甲醇和草酸酯制得。主要用于生产聚酯。也是醇酸树脂、乙二醛等的生产原料,可用作防冻剂、溶剂。

02.079 1,3-丙二醇 1,3-propanediol

化学式为 $HO(CH_2)_3OH$,由乙烯经环氧乙烷羰基化制得,也可经丙烯醛水合氢化或生物发酵制得。是生产不饱和聚酯、增塑剂、表面活性剂等的重要单体和中间体。

02.080 1,4-丁二醇 1,4-butanediol, BDO

化学式为 $HO(CH_2)_4OH$,由乙炔和甲醛催化加氢制得,也可由 1,3-丁二烯与乙酸反应制得,是生产对苯二甲酸丁二醇酯(PBT)工程塑料和 PBT 纤维的基本原料,也可用于生产四氢呋喃、γ-丁内酯等有机化学品。

02.081 硫醇 mercaptan

分子中含有巯基(—SH),且巯基与脂肪烃基直接相连的有机物。

02.082 卤代硫醇 halogenated mercaptan

脂肪烃基的氢原子被卤素原子取代的硫醇。

02.083 醇盐 alcoholate, alkoxide

醇分子羟基中的氢被金属元素替代的有机物。

02.084 甲醇钠 sodium methoxide

又称"甲氧基钠"。化学式为 CH_3ONa,由氢氧化钠与甲醇反应制得,是一种有机合成催化剂,也可用作医药、农药的生产原料。

02.085 乙醇酸 glycolic acid

又称"羟基乙酸(hydroxy-acetic acid)"。化学式为 $HOCH_2COOH$,工业上主要由氯代乙酸水解制备,也来自草酸酯法生产乙二醇副产。主要用作有机合成中间体。

02.086 乙醇醛 glycolaldehyde

又称"羟基乙醛(hydroxy-acetaldehyde)"。化学式为 $HOCH_2CHO$,是草酸酯法生产乙二醇的中间体,主要用作有机合成中间体。

02.087 乙醇胺 ethanolamine, aminoethyl alcohol

化学式为 $HOCH_2CH_2NH_3$,主要由环氧乙烷和氨反应制得。用作合成树脂和橡胶的增塑剂、硫化剂、促进剂和发泡剂,以及农药、医药和染料的中间体。

02.088 乙醇酸甲酯 methyl glycollate

化学式为 $HOCH_2COOCH_3$。草酸酯法生产乙二醇的副产品。主要用作有机合成中间体。

02.089 醚 ether

2 个烃基通过 1 个氧原子连接而成的有机物。

02.090 二甲醚 dimethyl ether, DME

全称"二甲基醚"。简称"甲醚"。化学式为

CH_3OCH_3,由合成气经甲醇合成、脱水制得,是重要的有机合成原料,也用作燃料、溶剂、制冷剂等。

02.091 甲基叔丁基醚 2-methoxy-2-methyl-propane, methyl tertiary butyl ether, methyl tert-butyl ether, MTBE
化学式为 $CH_3OC（CH_3）_3$,由裂解碳四中的异丁烯和甲醇反应制得,主要用作汽油辛烷值改进剂,也可用作溶剂、有机合成原料。

02.092 乙醚 ethyl ether, diethyl ether
又称"二乙醚"。化学式为 $CH_3CH_2OCH_2CH_3$,由乙醇脱水制得,主要用作溶剂。

02.093 醇醚 alcohol ether
含有羟基基团的醚。也指醇和醚的混合物。

02.094 硫醚 thioether
2 个烃基通过 1 个硫原子连接而成的有机物。

02.095 卤代硫醚 halogenated thio-ether
硫醚的烃基上的氢被卤素替代的有机物。

02.096 酚 phenol, hydroxybenzene
羟基与芳香环直接相连的有机物。依芳香环上的羟基数分为一元酚、二元酚及多元酚;羟基在萘环上的称为萘酚,在蒽环上的称为蒽酚。

02.097 苯酚 phenol, phenyl hydroxide
俗称"石炭酸(carbolic acid)"。分子式为 C_6H_6O,主要由异丙苯经氧化、分解制得,是重要的有机化工原料,可用于生产酚醛树脂、双酚 A 等多种化工产品和中间体,也用作溶剂、消毒剂。

02.098 双酚 A bisphenol A,BPA
分子式为 $C_{15}H_{16}O_2$,由苯酚与丙酮缩合制得,主要用于生产聚碳酸酯和环氧树脂等高分子材料,也用于生产增塑剂、阻燃剂等精

细化工产品。

02.099 硝基苯酚 nitrophenol
简称"硝基酚"。化学式为 $NO_2C_6H_4OH$,有邻硝基苯酚、间硝基苯酚、对硝基苯酚 3 种同分异构体。由硝基氯苯经水解、酸化制得,主要用作农药、医药、染料等精细化学品中间体。

02.100 硫酚 thiophenol
巯基直接与芳香基团相连的有机物。

02.101 环氧化[合]物 epoxide
包含由 1 个氧原子与 2 个碳原子形成的三元环结构的有机物。

02.102 环氧乙烷 ethylene oxide, oxirane
又称"氧化乙烯"。分子式为 C_2H_4O,由乙烯氧化制得,主要用于生产乙二醇,也可用作消毒剂。

02.103 环氧丙烷 propylene oxide
又称"氧化丙烯"。分子式为 C_3H_6O,以丙烯为原料经氯醇法或过氧化物氧化法生产,主要用于生产聚醚、丙二醇等,也用于生产表面活性剂。

02.104 环氧氯丙烷 epichlorohydrin
又称"表氯醇"。分子式为 C_3H_5ClO,主要由丙烯高温氯化制得,主要用于生产环氧树脂,是生产甘油、农药、离子交换树脂、氯醇橡胶等化学产品的原料,也可用作溶剂、水处理剂等。

02.105 醛 aldehyde
由烃基和醛基组成的有机物。按照烃基的不同,可分为脂肪醛和芳香醛;按照醛基的数目,可分为一元醛、二元醛和多元醛。

02.106 饱和一元醛 saturated monoaldehyde
分子中含有 1 个醛基,且不含有不饱和碳键的有机物。

02.107 甲醛 formaldehyde, methanal

又称"福尔马林(formalin)"。俗称"蚁醛"。化学式为HCHO,由甲醇脱氢或氧化制得,也可由天然气直接氧化制得,主要用于生产聚甲醛、酚醛树脂、脲醛树脂、维纶、乌洛托品、季戊四醇、染料、农药和消毒剂等。

02.108 芳香醛 aryl aldehyde
简称"芳醛"。醛基与苯环直接相连的醛。

02.109 酮 ketone
羰基上连接2个烃基的有机物。根据烃基不同,可分为脂肪酮、脂环酮、芳香酮。

02.110 脂肪酮 aliphatic ketone
羰基上连接2个脂肪烃基的酮。

02.111 丙酮 acetone
化学式为CH_3COCH_3,主要来自异丙苯过氧化生产苯酚联产。主要用于生产环氧树脂、聚碳酸酯等高分子材料以及烯酮、乙酐、甲基丙烯酸甲酯等有机化工产品,也用作溶剂。

02.112 甲乙酮 methyl ethyl ketone
又称"2-丁酮"。化学式为$CH_3COCH_2CH_3$,由正丁烯水合制仲丁醇后脱氢制得,也可由正丁烷氧化制得,主要用作溶剂、有机合成原料。

02.113 肟 oxime
醛羰基或酮羰基与羟胺的氨基反应脱去一分子水后生成的有机物。由醛生成的称为醛肟,由酮生成的称为酮肟。

02.114 环己酮肟 cyclohexanone oxime
分子式为$C_6H_{11}NO$,由羟胺盐与环己酮肟化制得,主要用于生产己内酰胺。

02.115 羧酸 carboxylic acid
由烃基和羧基相连构成的有机物。

02.116 甲酸 formic acid
又称"蚁酸"。化学式为HCOOH,主要由甲酸甲酯水解制得,也可由甲酸钠与硫酸反应

制得,是重要的有机化工原料,用于生产农药、医药、有机化学品等。

02.117 乙酸 acetic acid
俗称"醋酸"。化学式为CH_3COOH,主要由生物发酵或甲醇羰基合成制得,用于生产乙酸乙烯单体、精对苯二甲酸、乙酐、聚乙烯醇等有机化学产品,也可用作溶剂。

02.118 烯酸 olefinic acid, olefine acid
含有碳碳双键的不饱和脂肪酸。

02.119 丙烯酸 acrylic acid
化学式为$CH_2CHCOOH$,由丙烯氧化制得,主要用于生产丙烯酸酯,是重要的有机合成原料及合成树脂单体。

02.120 甲基丙烯酸 methacrylic acid, MAA
又称"异丁烯酸"。化学式为$CH_2C(CH_3)COOH$,主要由丙酮氰醇法和异丁烯氧化法制得,主要用于生产甲基丙烯酸甲酯,也可用于制造涂料、黏合剂、离子交换树脂等。

02.121 多元酸 polycarboxylic acid
含有2个及以上羧基官能团的羧酸。

02.122 己二酸 hexane diacid, adipic acid
俗称"肥酸"。化学式为$HOOC(CH_2)_4COOH$。由环己烷氧化制得,主要用于生产尼龙66和工程塑料,也用作医药、染料等的生产原料。

02.123 丁烯二酸 butene dioic acid
化学式为$C_4H_4O_4$,有顺丁烯二酸(马来酸)和反丁烯二酸(富马酸)2种同分异构体。由苯氧化、水解制得,主要用于生产不饱和聚酯、乙酸醛等。

02.124 邻苯二甲酸 o-phthalic acid
又称"邻酞酸"。化学式为$C_8H_6O_4$,2个羧基在苯环邻位上的有机物。主要用于合成苯酐。

02.125 苯甲酸 benzoic acid

俗称"安息香酸"。化学式为 C_6H_5COOH,由甲苯氧化制得,主要用作防腐剂、消毒剂,也用作医药、化工中间体。

02.126　对苯二甲酸　terephthalic acid
又称"对酞酸"。化学式为 $HOOCC_6H_4COOH$,主要由对二甲苯氧化制得,用于生产聚酯。

02.127　间苯二甲酸　m-phthalic acid, isophthalic acid
又称"间酞酸"。化学式为 $HOOCC_6H_4COOH$,主要由间二甲苯氧化制得,用于生产聚酯。

02.128　[羧]酸酐　anhydride
由 2 个一元羧酸分子或 1 个二元羧酸分子缩水而成的有机物。前者是分子间羧酐,后者是环酐。

02.129　顺丁烯二酸酐　maleic anhydride
简称"顺酐"。俗称"马来酸酐"。分子式为 $C_4H_2O_3$,由苯氧化、脱水制得,主要用于生产不饱和聚酯、醇酸树脂等,也是生产丁二酸、丁二酸酐、四氢呋喃等的原料。

02.130　邻苯二甲酸酐　phthalic anhydride
简称"苯酐"。又称"酞酐"。分子式为 $C_8H_4O_3$,由邻二甲苯氧化制得,主要用于生产邻苯二甲酸二辛酯(DOP),也用于生产不饱和聚酯树脂和醇酸树脂。

02.131　酯　ester
酸分子中能电离的氢原子被烃基取代而成的有机物。

02.132　内酯　lactone
既含有羟基又含有羧基的分子脱水形成的环状酯。

02.133　γ-丁内酯　γ-butyrolactone
化学式为 $C_4H_6O_2$,由顺酐加氢制得,也可由 1,4-丁二醇脱氢制得,主要用作溶剂、医药中间体、香料等。

02.134　己内酯　caprolactone
化学式为 $C_6H_{10}O_2$,由环己酮氧化、重排制得,主要用于生产聚己内酯、聚己内酯多元醇等高分子材料。

02.135　乙酸乙烯酯　vinyl acetate
又称"醋酸乙烯酯""醋酸乙烯"。化学式为 $CH_3COOCHCH_2$,由乙酸与乙炔加成反应或乙酸与乙烯氧乙酰化反应制得,主要用于生产聚乙烯醇树脂、合成纤维等高分子材料。

02.136　丙烯酸酯　acrylic ester
结构通式为 $CH_2CHCOOR$,由丙烯酸与醇酯化制得的酯类。比较重要的有丙烯酸甲酯、丙烯酸乙酯、2-甲基丙烯酸甲酯和 2-甲基丙烯酸乙酯等。是制造胶黏剂、合成树脂、特种橡胶和塑料的单体。

02.137　甲基丙烯酸酯　methacrylate
结构通式为 $CH_2C(CH_3)COOR$,由甲基丙烯酸与醇酯化制得,是制造胶黏剂、合成树脂、特种橡胶和塑料的单体。

02.138　乙酸甲酯　methyl acetate
又称"醋酸甲酯"。化学式为 CH_3COOCH_3,由乙酸和甲醇脱水制得,可用作有机溶剂、聚氨酯泡沫发泡剂等。

02.139　乙酸乙酯　ethyl acetate
又称"醋酸乙酯"。化学式为 $CH_3COOCH_2CH_3$,由乙酸和乙醇脱水制得。可用作溶剂、黏合剂、香料等。

02.140　乙酸异丙酯　isopropyl acetate
又称"醋酸异丙酯"。化学式为 $CH_3COOCH(CH_3)_2$,由乙酸和异丙醇脱水制得。主要用作溶剂、脱水剂、萃取剂及香料组分。

02.141　碳酸二甲酯　dimethyl carbonate
化学式为 $CH_3OCOOCH_3$,主要经甲醇氧化羰基化工艺和酯交换工艺制得。可用作溶剂、汽油添加剂等。

02.142　碳酸二苯酯　diphenyl carbonate, DPC

又称"二苯基碳酸酯"。化学式为 $H_5C_6OCOOC_6H_5$，由苯酚和光气反应制得，或由碳酸二甲酯与苯酚酯交换制得。主要用于生产异氰酸酯、聚碳酸酯、聚对羟基苯甲酸酯等，也用作增塑剂、溶剂等。

02.143　亚硝酸甲酯　methyl nitrite

化学式为 CH_3NO_2，由一氧化氮、氧气和甲醇反应制得。是草酸酯法生产乙二醇的中间体。

02.144　草酸二甲酯　dimethyl oxalate

化学式为 $CH_3OOCCOOCH_3$，可由一氧化碳和亚硝酸甲酯偶联反应制得。是合成气制乙二醇的中间体。

02.145　异氰酸酯　isocyanate

异氰酸各种酯的总称。以—NCO 基团的数量分类，可分为单异氰酸酯、二异氰酸酯和多异氰酸酯等。

02.146　甲苯二异氰酸酯　toluene diisocya-nate, TDI

化学式为 $CH_3C_6H_3(NCO)_2$，有 2,4-甲苯二异氰酸酯与 2,6-甲苯二异氰酸酯二种异构体。主要由苯胺经碳酰氯（光气）反应制得。主要用作聚氨酯生产原料。

02.147　二苯基甲烷二异氰酸酯　methylene diphenyl diisocyanate, MDI

化学式为 $CH_2(C_6H_4NCO)_2$，有 4,4′-MDI、2,4′-MDI、2,2′-MDI 等异构体，应用最多的是 4,4′-MDI。主要由苯胺经碳酰氯（光气）反应制得。主要用作聚氨酯生产原料。

02.148　六亚甲基二异氰酸酯　hexamethyl-ene diisocyanate, HDI

化学式为 $OCN(CH_2)_6NCO$，由己二胺盐酸盐与光气作用制得。主要用于制泡沫塑料、合成纤维、涂料和固体弹性物等。

02.149　氨基甲酸酯　carbamate

化学通式为 RNHCOOR′，氨基或胺基直接与甲酸酯的羰基相连的有机物。可由氯代甲酸酯与氨或胺反应制得，也可由氨基甲酰氯与醇或酚反应制得。

02.150　酰卤　acyl halide

羧酸的羟基被卤素取代的衍生化合物。可以分为酰氟、酰氯、酰溴、酰碘（不稳定）。其中酰氯是最常用的酰卤，也是最常用的酰化剂。

02.151　碳酰氯　phosgene, carbonyl chloride

俗称"光气"。化学式为 $COCl_2$，可由一氧化碳和氯反应制得。是非常活泼的亲电试剂，主要用于生产异氰酸酯。

02.152　酰胺　amide

化学通式为 RCONHR′，羧酸中的羟基被氨基或胺基取代的有机物。主要用作工业溶剂等。

02.153　甲酰胺　formamide

化学式为 $HCONH_2$，由一氧化碳与氨在甲醇钠催化作用下经高压合成制得。主要用作溶剂以及合成医药、香料等的原料。

02.154　碳酰胺　carbamide

又称"脲（urea）"。俗称"尿素"。化学式为 $CO(NH_2)_2$，工业上由氨气和二氧化碳合成。是目前使用量较大的一种化学氮肥，也可用作柴油添加剂。

02.155　己内酰胺　caprolactam

化学式为 $C_6H_{11}NO$，可由环己酮肟化、贝克曼重排反应制得。是生产尼龙 6 的聚合单体。

02.156　N,N-二甲基甲酰胺　N,N-dimeth-ylformamide, DMF

简称"二甲基甲酰胺"。化学式为 C_3H_7NO，为甲酸的羟基被二甲胺基取代而生成的有机物，由二甲胺和甲酰氯制得。是有机化工生产的重要溶剂。

02.157　酰亚胺　imide
又称"二酰亚胺(imidodicarbonic diamide)"。化学通式为 $R^1C(O)N(R^2)C(O)R^3$。一般由氨或伯胺与羧酸或酸酐反应制取。是制取聚酰亚胺的单体。

02.158　胺　amine
氨分子中的一个或多个氢原子被烃基取代后的有机物。可分成伯胺、仲胺、叔胺。由氨与醇或卤代烷反应制取。

02.159　甲胺　methylamine
化学式为 CH_3NH_2，工业上常用氨气和甲醇在硅铝酸盐催化剂作用下反应来制取。是重要的有机化工原料。

02.160　乙胺　ethylamine, aminoethane
化学式为 $CH_3CH_2NH_2$，由氨气和乙醇制得，主要用于生产农药、燃料、离子交换树脂、医药品等。

02.161　己二胺　hexane diamine
化学式为 $H_2N(CH_2)_6NH_2$，主要由己二腈加氢制得。可用作尼龙66、聚氨酯的生产原料，也可作为环氧树脂固化剂。

02.162　芳香胺　aromatic amine
芳香烃基与胺基直接相连的有机物。

02.163　苯胺　aniline
化学式为 $C_6H_5NH_2$，由硝基苯加氢制得。主要用于制造染料、药物、树脂等。

02.164　空间位阻胺　sterically hindered amine
氨基与叔碳原子或仲碳原子相连、具有空间位阻胺效应的有机胺化合物。可以用作溶剂。

02.165　羟胺　hydroxylamine
化学式为 NH_2OH，由硝酸还原或氨氧化制得。在有机合成中用作还原剂，可与羰基有机物缩合生成肟。

02.166　铵盐　ammonium salt
铵离子和酸根离子构成的离子化合物。

02.167　芳香化合物　aromatic compound
含有至少1个离域苯环结构的有机物。

02.168　芳烃　arene, aromatic hydrocarbon
含有至少1个离域苯环结构的烃。

02.169　单环芳烃　monocyclic aromatic hydrocarbon
只含1个苯环的芳烃。

02.170　苯　benzene
化学式为 C_6H_6，主要由石脑油重整或煤焦油提取制得。是有机化工的基本原料。

02.171　焦化苯　coking benzene
由煤焦化生产的苯。

02.172　硝基苯　nitrobenzene
化学式为 $C_6H_5NO_2$，由苯经硝化反应制得。主要用于生产苯胺。

02.173　甲苯　toluene
又称"甲基苯"。分子式为 $C_6H_5CH_3$，主要由石脑油重整制得。主要用于生产二甲苯，也用作汽油组分。

02.174　碳八芳烃　C_8 aromatics
含8个碳原子的单环芳烃。主要由石脑油重整、蒸气裂解过程制得。主要指二甲苯、乙苯、苯乙烯。

02.175　二甲苯　xylene
化学式为 $C_6H_4(CH_3)_2$，有对二甲苯、间二甲苯、邻二甲苯三种同分异构体，主要由石脑油重整、甲苯歧化和烷基转移等途径制得。

02.176　对二甲苯　para-xylene, PX
化学式为 $C_6H_4(CH_3)_2$，2个甲基呈对位的二甲苯。主要由石脑油重整、甲苯歧化和烷基转移等途径制得,主要用作聚酯生产原料,也用作有机合成原料和溶剂。

02.177 邻二甲苯 ortho-xylene, OX
化学式为 $C_6H_4(CH_3)_2$,2 个甲基呈邻位的二甲苯。主要由石脑油重整、甲苯歧化和烷基转移等途径制得,主要用于生产苯酐,也用作有机合成原料和溶剂。

02.178 间二甲苯 meta-xylene, MX
化学式为 $C_6H_4(CH_3)_2$,2 个甲基呈间位的二甲苯。主要由石脑油重整、甲苯歧化和烷基转移等途径制得,主要用于生产间苯二甲酸,也用作有机合成原料和溶剂。

02.179 乙苯 ethyl benzene
又称"乙基苯"。化学式为 $C_6H_5CH_2CH_3$,主要由苯与乙烯反应制得,是生产苯乙烯的原料。

02.180 异丙苯 isopropylbenzene
又称"枯烯(cumene)"。化学式为 $C_6H_5CH(CH_3)_2$,主要由苯与丙烯反应制得,主要用于生产苯酚、丙酮。

02.181 多烷基芳烃 polyalkylaromatics
苯环上至少连有 2 个烷基的芳烃。主要从石油或煤焦油中提取,工业上可作为溶剂。

02.182 苯乙烯 styrene
又称"乙烯基苯(ethenyl benzene)"。化学式为 $C_6H_5CHCH_2$,主要由乙苯脱氢制得,是合成树脂及合成橡胶的单体。

02.183 均四甲基苯 1, 2, 4, 5-tetramethyl-benzene
简称"均四甲苯(sym-tetramethyl benzene)"。化学式为 $C_6H_2(CH_3)_4$,主要由碳十芳烃分离获得,主要用于生产均苯四甲酸二酐。

02.184 重芳烃 heavy aromatics
含 9 个及以上碳原子的芳烃。石油或煤焦油加工过程中的副产物,可用作燃料、导热油,也可用于生产苯、甲苯或碳八芳烃。

02.185 碳九芳烃 C₉ aromatics
含 9 个碳原子的芳烃。石油或煤焦油加工过程中的副产物,主要包括三甲基苯、甲基乙基苯、丙基苯,可用作燃料或生产苯、甲苯、碳八芳烃。

02.186 碳十芳烃 C₁₀ aromatics
含 10 个碳原子的芳烃。石油或煤焦油加工过程中的副产物,主要用作燃料。

02.187 稠环芳烃 polycyclic aromatic hydrocarbons, PAHs
含有 2 个及以上苯环结构,且相邻苯环共用 2 个邻位碳原子的芳烃。主要从石油或煤焦油中提取,最重要的稠环芳烃是萘、蒽、菲。

02.188 茚 indene
又称"苯并环丙烯(benzocyclopropene)"。化学式为 $C_6H_4C_3H_4$,主要由煤焦油提取,主要用于生产茚-古马隆树脂,也可作为溶剂。

02.189 萘 naphthalene
化学式为 $C_6H_4C_4H_4$,主要由煤焦油和重芳烃组分分离获得。可用于生产苯酐、染料、树脂、溶剂等。

02.190 二甲基萘 dimethyl naphthalene
化学式为 $CH_3C_6H_4C_4H_4CH_3$,主要由煤焦油提取,主要用于生产萘二甲酸。

02.191 蒽 anthracene
含有 3 个苯环结构的稠环芳烃。主要由煤焦油分馏提取。工业上用于制造有机染料。

02.192 腈 nitrile
含有碳氮三键的有机物。主要通过烃的氨氧化或氢氰化制得。也可经酰胺脱水或卤代烃与氰化钠(或钾)反应制得。

02.193 乙腈 acetonitrile

又称"甲基氰(methylcyanide)"。化学式为 CH_3CN，主要来自丙烯氨氧化制丙烯腈副产，主要用作溶剂、有机合成中间体。

02.194 己二腈 hexanedinitrile

又称"1,4-二氰基丁烷(1,4-dicyanobutane)"。化学式为 $NC(CH_2)_4CN$，由丙烯腈电解二聚制取，也可由丁二烯氰化制取，主要用于生产聚酰胺纤维的中间体己二胺。

02.195 丙烯腈 acrylonitrile

化学式为 CH_2CHCN，主要由丙烯氨氧化制得，是生产聚丙烯酰胺、腈纶的原料。

02.196 氢氰酸 hydrogen cyanide

又称"氰化氢"。化学式 HCN，主要由甲烷氨氧化制取，也可由丙烯氨氧化制丙烯腈副产获得，主要用于生产尼龙、丙烯腈、丙烯酸树脂、杀虫剂等。

02.197 砜 sulfone

含有 $R-(O=)S(=O)-R'$ 结构的有机化合物。主要由有机硫化物氧化制得。

02.198 环丁砜 sulfolane

化学式为 $C_4H_8O_2S$，由丁二烯、二氧化硫反应制得。主要用作芳烃抽提工艺中的溶剂。

02.199 糠醛 furfural

化学式为 $C_5H_4O_2$，主要由各种农副产品中萃取获得。主要用作石化炼制品中的溶剂，也可与苯酚、丙酮、尿素反应制造树脂。

02.200 呋喃 furan

化学式为 C_4H_4O，主要由糠醛脱羰基或氧化1,3-丁二烯制得，可用于合成呋喃甲醛(糠醛)和四氢呋喃。

02.201 四氢呋喃 tetrahydrofuran

又称"呋喃烷(furanidine)"。化学式为 C_4H_8O，主要由1,4-丁二醇在酸催化条件下脱水制得。可用于生产弹性聚氨酯纤维，

也可用作工业溶剂。

02.202 煤[炭] coal

由一定地质年代生长的繁茂植物，在适宜的地质环境中，经过漫长地质年代及复杂的化学和物理变化逐渐形成的固体可燃性矿物质。主要组成为碳、氢、氮、氧、硫等元素及无机矿物质。根据煤化程度不同，分为泥煤、褐煤、烟煤、无烟煤。

02.203 燃煤 fire coal

作为燃料用于锅炉或其他工业装置的煤。

02.204 原煤 raw coal

又称"毛煤"。采掘后未经洗选、加工，含有矸石、硫铁矿等杂质的煤。

02.205 精煤 clean coal

原煤经过洗选、加工除去矸石、硫铁矿等杂质后的煤。

02.206 [混]配煤 blended coal

根据特定需要，将两种或两种以上不同煤质的煤按一定比例混合后所得的煤。主要用于电厂燃烧、炼焦和气化等领域。

02.207 型煤 mould coal

以粉煤为主要原料，根据特定需求进行机械压制成型的具有一定强度、尺寸及形状的煤成品。

02.208 块煤 lump coal

从原煤中分拣出的块状煤。典型粒径为 $13\sim100mm$。

02.209 碎煤 crushed coal

将煤破碎到一定粒度得到的煤。典型粒径为 $6\sim13mm$。

02.210 粉煤 pulverized coal

将煤破碎、研磨得到的一定粒度分布的粉状原料。粒径一般小于6mm。

02.211 泥煤 peat

又称"泥炭"。草木本植物变成褐煤的过渡性产物。具有可燃性和明显的胶体结构,外观多成棕褐色、密度小、水分大。

02.212 褐煤 lignite, brown coal
煤化程度最低的矿产煤。外观呈褐色或黑褐色,水含量高、挥发分高、易粉碎、易自燃。

02.213 烟煤 bituminous coal, bitumite
煤化程度中等的矿产煤。燃烧时火焰较长并有烟,外观呈灰黑色至黑色,粉末从棕色到黑色,大多具有黏结性,发热量较高。

02.214 无烟煤 anthracite
俗称"白煤""红煤"。煤化程度最高的矿产煤。燃烧时无烟。外观呈黑色、坚硬、有金属光泽,固定碳含量高,挥发分低,密度大,硬度大,燃点高。

02.215 水煤浆 coal slurry , coal water slurry
由一定比例的煤、水和添加剂通过物理加工得到的一种低污染、高效率、可管道输送的代油煤基流体燃料或气化原料。

02.216 水煤气 water gas
高温的炭与水蒸气发生反应产生的以一氧化碳和氢气为主要组分的气体。

02.217 兰炭 semi coke
又称"半焦(carbocoal)"。煤低温干馏产生的可燃的固体产物。

02.218 甲醇汽油 methanol gasoline
将甲醇和汽油按一定比例混合后形成的一种车用燃料。目前有M15(汽油中含15%甲醇)和M85(汽油中含85%甲醇)两类。

02.219 页岩气 shale gas
赋存于泥页岩中,以吸附及游离状态存在的非常规天然气。

02.220 页岩油 shale oil
(1)泛指蕴藏在具有低孔隙度和渗透率的致密含油层(页岩、砂岩和碳酸盐岩等)中的非

常规石油资源。(2)在炼油工业中,又称"干酪根石油"。指油页岩经干馏提炼得到的一种非常规石油资源。

02.221 天然气水合物 [natural] gas hydrate
俗称"可燃冰"。天然气与水在高压低温条件下形成的类冰状结晶物质。分布于深海沉积物或陆域的永久冻土中。

02.222 油田气 oil field gas
石油开采过程中伴随石油产出的气态烃。

02.223 煤层气 coal-bed gas,CBG;coal-bed methane,CBM
赋存于煤层中以甲烷为主要成分的烃类气体。

02.224 合成气 syngas
由含碳物质产生的以一氧化碳和氢气为主要组分的气体。

02.225 粗合成气 crude syngas
未经精制的合成气。

02.226 天然气 natural gas
主要产于油田和天然气田的以甲烷为主的复杂烃类混合物。通常含有乙烷、丙烷和少量碳原子数更多的烃类,以及若干不可燃的气体,如二氧化碳、硫化氢、氮气等。

02.227 干气 dry gas
(1)比甲烷重的烃类组分含量小于5%的天然气。(2)原油二次加工过程中产生的非冷凝气体。

02.228 湿气 wet gas
比甲烷重的烃类组分含量超过5%的天然气。

02.229 变换气 shift gas
一氧化碳与水反应获得的氢气和二氧化碳混合气体。

02.230 燃料气 fuel gas

可用作燃料的气体。

02.231 炼厂气 refinery gas
石油加工过程中产生的常温常压下为气态的混合物。通常包括氢气和碳数小于 5 的烃类气体。

02.232 催化裂化气 catalytic cracking gas
重质油催化裂化为轻质油时产生的气体。

02.233 加氢裂化气 hydrocracking gas
烃类加氢裂化为轻质组分时产生的气体。

02.234 焦化气 coking gas
焦化过程中产生的以氢气、一氧化碳和甲烷为主要成分的混合气体。

02.235 焦炭 coke
炼焦物料在隔绝空气的高温炭化室内经过热解、缩聚、固化、收缩等复杂的物理化学过程而获得的固体炭质材料。

02.236 煤沥青 coal-tar pitch
由煤干馏得到的煤焦油再经蒸馏加工制成的沥青。可用于制造涂料,也可作燃料。

02.237 炭黑 carbon black
含碳物质经高温裂解生成的以单质碳为主的黑色固态物质。

02.238 黑水 black water
粗煤气在湿洗过程中产生的黑色含灰洗涤水。

02.239 工业分析 proximate analysis
又称"近似分析""组分分析"。对煤的水分(M)、灰分(A)、挥发分(V)和固定碳(FC)分析项目指标测定的总称。

02.240 化合水 chemical combined water
又称"结合水(combined water)"。以 OH^-、H^+ 或 H_3O^+ 等形式存在于化合物或矿物中的结晶水。

02.241 结渣率 clinkering rate

在一定鼓风强度下使煤燃尽,其灰渣中粒度大于 6mm 的量占总灰量的质量百分数。

02.242 结渣性 slagability, slag-bonding property
煤在气化或燃烧过程中的灰渣结块程度。一般以煤灰结渣率衡量。

02.243 灰黏度 slag viscosity
灰渣熔融为液态后表现出的黏度。是衡量灰渣熔化时动态特性的重要指标。

02.244 灰渣黏温特性 slag viscosity-temperature characteristic
熔融态灰渣的黏度随温度变化的性质。是衡量灰渣熔融后流动、凝固等特性的重要参数。

02.245 煤灰熔融性 fusibility of coal ash
煤灰达到一定温度后,发生变形、软化和熔融的现象。通常以灰熔点来表示。按照灰锥不同形态所对应的温度,灰熔点包括变形温度、软化温度、半球温度和流动温度。

02.246 变形温度 deformation temperature, DT
灰锥尖端开始变圆或弯曲时的温度。

02.247 软化温度 softening temperature, ST
灰锥体弯曲至锥尖触及托板或变成球形且高度小于或等于底长的半球形时的温度。

02.248 半球温度 hemispherical temperature, HT
灰锥体变成半球形时的温度。

02.249 流动温度 fluid temperature, FT
灰锥体熔化成液体或展开成高度低于 1.5mm 的薄层时的温度。

02.250 安息角 angle of rest
又称"休止角(angle of repose)""静止角"。煤粉的流动性指标。在重力场中,煤颗粒在煤粉体堆积层的自由斜面上滑动时所受重力和粒子之间摩擦力达到平衡而处于静止状态下测得的煤堆边缘与其所置平面的最大夹角。

02.251 煤的反应性 reactivity of coal
在一定温度条件下煤与不同气化介质的可反应程度。

02.252 黏结性 caking property, bonding property
煤在外力作用下黏结成团的能力。

02.253 罗加指数 Roga index, RI
在规定条件下炼得焦煤的耐磨强度指数。表明煤样黏结惰性物质(无烟煤)的能力。

03. 反应与三剂

03.01 反 应

03.001 化学反应 chemical reaction
又称"化学变化""化学作用"。原子重新排列组合生成新物质的过程。

03.002 主反应 main reaction
生成目的产物的反应。

03.003 副反应 side reaction
反应物系在一定条件下同时进行着两个或两个以上的不同反应,生成非目的产物的反应。

03.004 链引发反应 chain initiation reaction
链反应中的稳定分子在获得足够高的能量后导致某一化学键断裂而产生自由基或自由原子的过程。

03.005 链增长反应 chain propagation reaction
链反应中已经生长的分子链的两端继续反应,生成更长的分子链的过程。

03.006 链转移反应 chain transfer reaction
又称"链传递反应""链传播反应"。链反应中一个自由基与原料分子作用后生成产物和另一个自由基,从而使反应能持续进行的过程。

03.007 链终止反应 chain termination reaction
又称"断链反应"。链反应中通过自由基消亡而导致反应链中止的过程。

03.008 亲电反应 electrophilic reaction
缺电子试剂(亲电试剂)进攻反应物电子云密度较大的部位而引起的反应。

03.009 亲核反应 nucleophilic reaction
给电子能力强的试剂(亲核试剂)进攻反应物电子云密度较小的部位而引起的反应。

03.010 催化反应 catalytic reaction
通过引入催化剂,促使化学反应速率发生变化的过程。

03.011 光催化反应 photocatalytic reaction
含有催化剂的反应体系在光辐照下激发反应分子或激发催化剂与反应分子形成络合物,将光能转化为化学能,促进反应进行的过程。

03.012 自[动]催化反应 auto-catalyzed reaction
反应物或反应产物本身对反应速率有加快作用的化学反应。

03.013 自由基反应 free radical reaction
又称"游离基反应"。反应机理中涉及自由基的化学反应,即含有未配对电子的原子或原子团参与的化学反应。

03.014 自由基连锁反应 free radical chain reaction

又称"自由基链反应"。活性自由基与稳定分子发生化学变化后,在其消失的同时产生新的活性自由基,促使反应持续进行的化学反应。

03.015　光化学反应　photochemical reaction

直接或间接由光激发的化学反应。

03.016　碳化反应　carbonization reaction

有机质被破坏分解,残留的碳质逐渐聚集增多的过程。

03.017　碳沉积反应　carbon deposition reaction

又称"积碳反应"。有机反应物经脱氢、氢转移或缩合形成含氢量很低的焦类物质的过程。

03.018　裂解反应　cracking reaction

较大分子有机物在高温或催化条件下,分子链断裂成较小分子物质的过程。

03.019　热裂解反应　thermal cracking reaction, pyrolysis reaction

又称"热裂化反应"。有机物在无催化剂、高温条件下,分子链断裂成较小分子有机物的过程。

03.020　自热裂解反应　autothermic cracking reaction

又称"氧化裂解反应"。在有氧条件下,有机物发生部分氧化释放热量,使裂解反应进行的过程。

03.021　烃类蒸汽裂解反应　steam cracking reaction, pyrolytic cracking reaction

简称"蒸汽裂解反应"。在蒸汽作用下,烃类在高温(750℃以上)下分子链断裂制得乙烯等小分子烯烃的过程。

03.022　选择性裂化　selective cracking

不同馏分的原料油分别在各自适宜的条件下进行裂化,以获得最高的转化率和轻质油收率的石油热裂化过程。

03.023　共裂解反应　copyrolysis reaction

两种及两种以上不同的原料共同进行裂解反应,以达到某种协同效应的过程。

03.024　开环裂解　ring-opening cracking

有机化合物分子中的环状结构经过裂解反应转变为链状结构或较小分子的过程。

03.025　酸催化反应　acid catalyzed reaction

在具有给质子或接受未共享电子对能力催化剂的作用下进行的化学反应。

03.026　氧化还原反应　redox reaction

在化学反应中,反应物之间有电子得失的反应。某种原子失去电子,发生氧化,另一种原子则得到电子,发生还原。氧化和还原一定同时发生。

03.027　氧化反应　oxidation reaction

在有电子转移的化学反应中,反应物原子失电子、氧化数升高的过程。

03.028　还原反应　reduction reaction

在有电子转移的化学反应中,反应物原子得电子、氧化数降低的过程。

03.029　共氧化反应　co-oxidation reaction

将某些自身可被氧化为有机过氧化物的物质与目标反应物共同作为原料,首先进行氧化反应生成有机过氧化物,再以其为氧化剂,催化氧化目标反应物生成目标产物,同时得到另一产物作为产品或者将其循环利用的过程。

03.030　晶格氧氧化反应　lattice oxygen oxidation reaction

以变价金属氧化物催化剂表面上或晶体结构体相中的晶格氧(或吸附氧)作氧源,将烃类选择性氧化为目标产物的过程。

03.031　氨氧化反应　ammoxidation reaction

具有 R—CH$_3$ 型的有机化合物在催化剂存在

下,与空气和氨作用,氧化生成腈(R—CN)的过程。

03.032 氧化脱氢反应 oxidative dehydrogenation reaction
反应物分子在催化剂和有氧条件下脱氢,脱出的氢与氧作用生成水,同时产生不饱和分子的化学过程。

03.033 偶联反应 coupling reaction
2 个有机分子的基团通过形成碳碳键而结合形成一个有机分子及其他分子的化学反应。

03.034 甲烷氧化偶联反应 oxidative coupling reaction of methane
甲烷在催化剂作用下,碳氢键断裂,脱出的氢与氧作用生成水,同时形成碳碳键制取碳二及以上烃的过程。

03.035 亲电加成反应 electrophilic addition reaction
含有 π 键的有机化合物分子,在亲电试剂的作用下,π 键发生断裂,与单键相连的原子或原子团结合形成 σ 键的反应。

03.036 亲核加成反应 nucleophilic addition reaction
给电子能力强的原子与不饱和键结合所引起的加成反应。

03.037 环加成反应 cycloaddition reaction
两个或多个含有不饱和键的分子结合或同一化合物中的两(多)个不饱和片段结合,π 键转化为 σ 键、生成环状加成物的过程。

03.038 第尔斯-阿尔德反应 Diels-Alder reaction
含有双键或叁键的化合物与含共轭双键的化合物进行 1,4-加成环化反应,生成六元环不饱和化合物的过程。

03.039 加氢反应 hydrogenation reaction
又称"氢化反应"。氢分子解离并加入到反应物分子中的过程。

03.040 选择性加氢反应 selective hydrogenation reaction
在加氢精制过程中,所用催化剂或工艺条件只能使某些组分起加氢反应,而对另一些能与氢起反应的组分不发生或发生极少加氢反应的过程。

03.041 氯化反应 chlorination reaction
化合物分子或单质中引入氯原子的过程。

03.042 硝化反应 nitration reaction
有机化合物分子中引入硝基的过程。

03.043 亚硝化反应 nitrosation reaction
有机物分子中引入亚硝基的过程。

03.044 醚化反应 etherification reaction
醇或酚分子中羟基的氢原子被烷基或芳基取代生成醇醚或酚醚的过程。

03.045 卤化反应 halogenation reaction
有机物分子或单质中引入卤原子的过程。

03.046 氟化反应 fluorination reaction
有机物分子或单质中引入氟原子的过程。

03.047 溴化反应 bromination reaction
在有机物分子或单质中引入溴原子的过程。

03.048 水合反应 hydration reaction
有机物分子与水加成,引入氢原子和羟基的化学反应。

03.049 胺化反应 amination reaction
有机物分子中引入氨基($—NH_2$)、胺基($RNH—$和$R_2N—$)的过程。

03.050 磺化反应 sulfonation reaction
在有机物分子或单质中引入磺酸基团的过程。

03.051 酰基化反应 acylation reaction
有机物分子中引入酰基的过程。

03.052 甲酰[基]化反应 formylation reaction
有机物分子中引入甲酰基(即醛基)的过程。

03.053 中和反应 neutralization reaction
酸和碱相互作用生成盐的过程。

03.054 酯化反应 esterification reaction
酸或酸酐与醇在催化剂作用下失去水而生成酯的过程。

03.055 氰化反应 cyanidation reaction
在有机物分子中引入氰基(—CN 中 C 与有机化合物中 C 相连)的过程。

03.056 氢氰化反应 hydrocyanation reaction
碳碳双键与氢氰酸的加成反应。

03.057 酰胺化反应 amidation reaction
在有机物分子中引入酰胺基(—RCONH)的过程。

03.058 氢甲酰化反应 hydroformylation reaction
又称"醛化反应"。烯烃与氢气和一氧化碳反应引入醛基的过程。

03.059 氯醇化反应 chlorohydrination reaction
烯烃和次氯酸发生亲电加成生成氯醇的过程。

03.060 皂化反应 saponification reaction
(1)酯在碱溶液和加热作用下水解生成相应的盐和醇的过程。(2)在环氧丙烷生产中,也指氯丙醇经上述过程生成环氧化物和相应盐的过程。

03.061 羰基化反应 carbonylation reaction, oxo synthesis
以一氧化碳为原料,在金属催化剂作用下,在有机物分子中引入羰基的过程。

03.062 光气化反应 phosgenation reaction
以光气为原料,在有机物分子中引入碳酰氯基(—COCl)或羰基的过程。

03.063 氢氯化反应 hydrochlorination reaction
氯化氢与不饱和烃进行的加成反应。

03.064 氧氯化反应 oxychlorination reaction
有机物与盐酸(或氯化氢)和空气混合物在催化剂作用下发生的间接氯化反应。

03.065 肟化反应 oximation reaction
醛酮分子中的羰基与羟胺分子经过加成、失水过程生成肟的过程。

03.066 氨肟化反应 ammoximation reaction
醛酮与氨、过氧化氢在催化剂的作用下生成肟的过程。

03.067 费-托反应 Fischer-Tropsch reaction
氢和一氧化碳在催化剂作用下,合成以直链烃为主的烃类化合物的过程。

03.068 络合反应 complexation reaction
金属离子与络合剂作用,生成不易电离、稳定的金属络合物的过程。

03.069 酯交换反应 transesterification reaction
酯与醇在酸或碱的催化下生成一个新酯和一个新醇的过程,即酯的醇解过程。

03.070 重排反应 rearrangement reaction
分子内原子间成键顺序变化、导致分子碳骨架改变或官能团移位的过程。

03.071 贝克曼重排 Beckmann rearrangement
酮肟在酸性催化剂作用下重排为酰胺的过程。

03.072 取代反应 substitution reaction
分子中的一种原子或原子团被其他的原子或原子团所代替的过程。

03.073 亲核取代反应 nucleophilic substitution reaction

由负离子或具有未共用电子对的分子,进攻反应物分子中电子云密度较小的碳原子所引起的取代反应。

03.074 亲电取代反应 electrophilic substitution reaction

亲电试剂进攻反应物分子中电子云密度较大的原子而引起的取代反应。

03.075 弗里德-克拉夫茨反应 Friedel-Crafts reaction

酸性催化剂作用下,在芳香环上引入烷基或酰基侧链的过程。

03.076 插入反应 insertion reaction

在有机物分子 σ 键中插入一个小分子的反应。

03.077 烷基化反应 alkylation reaction

在有机物分子中引入烷基的过程。

03.078 侧链烷基化 side chain alkylation

在烷基取代芳香化合物取代基上进行的烷基化反应。

03.079 择形烷基化反应 shape-selective alkylation reaction

以微孔分子筛为催化剂并利用其孔道的限制作用,使得芳香族化合物通过烷基化制取二取代物时,其中分子直径最小的同分异构体(一般是对位取代结构)的生成比例远高于其热力学组成的反应。

03.080 甲基化 methylation

有机物分子中的氢被甲基取代的过程。

03.081 烷基转移反应 transalkylation reaction

烷基由两个不同分子中的一个分子转移至另一个分子的化学反应。

03.082 异构化反应 isomerization reaction

有机化合物分子内原子或基团移位或空间排列发生变化的反应。

03.083 双键异构化 double bond isomerization

有机化合物分子骨架结构不变,只是双键的位置发生变化的反应。

03.084 芳构化 aromatization

脂肪族烃(脂环烃和链烃)经过脱氢、异构化、环化等反应转变为芳香烃的过程。

03.085 歧化反应 disproportionation reaction

两个相同分子中电子、原子或基团由一个分子转移至另一个分子的反应。

03.086 环化 cyclization

链状化合物通过形成新键生成环状化合物的过程。

03.087 开环反应 ring-opening reaction

环状化合物通过键的断裂生成链状化合物或两个分子的过程。

03.088 环氧化 epoxidation

烯烃的双键被氧化,生成具有由 2 个碳原子和 1 个氧原子组成的杂环结构的环氧化合物的反应。

03.089 缩合反应 condensation reaction

两个或两个以上的有机分子相互作用后,以共价键结合成一个大分子,并且常常伴有失去小分子(如水、氯化氢、醇等)的反应。

03.090 醇醛缩合 aldol condensation

一个含羰基分子的 α-碳原子在碱(如氢氧化钠、醇钠等)作用下,加到另一个羰基分子的羰基碳原子上,生成 β-羟基羰基化合物的过程。

03.091 低聚反应 oligomerization reaction

单体经聚合生成低聚物的反应。

03.092 分解反应 decomposition reaction

由一种化合物生成两种或两种以上化合物或单质的过程。

03.093 水解反应 hydrolysis reaction
化合物分子与水作用时被分裂成两个或两个以上部分,其中一部分与水分子中的—OH相结合生成醇或酸的反应。

03.094 氢解反应 hydrogenolysis reaction
化学物质在氢气的作用下发生分解的反应。

03.095 复分解反应 metathesis reaction, double decomposition
两种化合物相互交换离子或基团生成另外两种化合物的非氧化还原反应。

03.096 醇解反应 alcoholysis reaction
一种化合物与醇作用时被分裂成两个或两个以上部分,其中一部分与烷氧基结合生成醚或酯的反应。

03.097 氨解反应 ammonolysis reaction
一种化合物与氨作用时被分裂成两个或两个以上部分,其中一部分与—NH_2结合成为胺或酰胺的反应。

03.098 消除反应 elimination reaction
有机物中相邻两个碳原子上脱去小分子(如水、卤化氢等)的过程。

03.099 脱水反应 dehydration reaction
含氧有机物脱除水分子的反应。

03.100 β-H 消除反应 β-H elimination reaction
在一特定基团的 β 位脱除氢的消除反应。

03.101 脱硝反应 denitration reaction
脱除或取代化合物分子中硝酸根或硝基的过程。

03.102 脱羰基反应 decarbonylation reaction
从有机物分子中脱除羰基的过程。

03.103 脱水环化 cyclodehydration
链状化合物经分子内或分子间脱水而生成环状化合物的过程。

03.104 水煤气变换反应 water-gas shift reaction
一氧化碳与水蒸气在催化剂作用下反应生成氢气和二氧化碳的过程。

03.105 逆变换反应 reverse water-gas shift reaction
在催化剂作用下,二氧化碳和氢气反应生成一氧化碳与水的过程。

03.106 甲烷化反应 methanation reaction
在催化剂作用下,用氢气还原一氧化碳、二氧化碳生成甲烷和水的过程。

03.107 烃类水蒸气转化 hydrocarbon steam reforming
又称"烃类水蒸气重整"。在催化剂作用下,烃类原料(天然气或轻油)与水蒸气在高温下催化转化制取氢气的过程。

03.02 三 剂

03.108 催化剂 catalyst
能改变化学反应速率而本身不进入最终产物的分子组成中的物质。催化剂不能改变热力学平衡,只能影响反应过程达到平衡的速度。

03.109 催化剂寿命 catalyst lifetime
催化剂从开始使用到活性、选择性降低,失去使用价值的时间。在工业生产中指催化剂由开始运转到更换所持续的时间。

03.110 催化剂预处理 catalyst pretreatment
催化剂在与反应原料接触之前所进行的各种处理的总称。目的是提高催化剂使用性能。

03.111 板结 harden
反应过程中物质凝结沉积和吸附在催化剂床层上,造成催化剂结块、变硬的现象。

03.112 失活 deactivation
(1)激发态分子失去能量的过程。(2)催化剂在使用过程中由于中毒、积炭、烧结、活性组分流失、活性位结构被破坏等原因而失去催化活性的现象。

03.113 活化 activation
提升催化剂活性的过程。

03.114 再生周期 regeneration period
催化剂从开始使用到再生的时间。

03.115 粒径 particle size
催化剂单个粒子的物理尺度。

03.116 粒径分布 particle size distribution
在给定的催化剂颗粒状物料的颗粒群中,不同粒度范围的颗粒数量或质量所占的比例。

03.117 孔径 pore size
全称"孔道尺寸"。催化剂中孔道的形状和大小是极不规则的,通常视作圆柱形而以其半径来表示孔的大小。

03.118 孔结构 pore structure
用于描述催化剂的特征几何参量的总称。包括孔隙率、比孔容、平均孔径、孔径分布等。

03.119 骨架密度 skeleton density
又称"真实密度"。扣除催化剂颗粒内微孔体积后的实体密度。是表征催化剂密度的指标。

03.120 耐磨强度 abrasive resistance
表征催化剂物理性能的指标。通常用磨耗表示,即检测条件下催化剂磨损量与原样品重量的比值。

03.121 抗压强度 compression strength
均匀施加压力到成型催化剂颗粒压裂为止,催化剂所能承受的最大负荷。是表征催化剂物理性能的指标。

03.122 体积空速 volume space velocity
单位时间内原料体积流量与催化剂体积的比值。

03.123 活性组分 active composition
催化剂中起催化作用的主要成分。可以是一种或多种物质,如金属、氧化物、硫化物或盐类等。

03.124 活性氧 active oxygen
在电子转移过程中生成的具有较强活性的氧物种。常见有超氧自由基、过氧化氢、羟自由基及单线态氧等。

03.125 晶格氧 lattice oxygen
构成晶体结构的体相氧。如 TiO_2 中构成锐钛矿结构的氧。

03.126 吸附氧 adsorbed oxygen
催化剂固体表面吸附的氧。

03.127 氧缺位 oxygen vacancy
又称"氧空位"。催化剂固体中晶格氧原子缺失而产生的空位。

03.128 酸中心 acid site
又称"酸性点"。催化剂中能给出质子或得到电子的活性中心。

03.129 酸密度 acid density
催化剂单位质量或单位表面上酸位的数目。

03.130 酸强度 acid strength
催化剂给出质子(B 酸)或得到电子(L 酸)的能力。

03.131 金属卡宾 metal carbene
含有一个碳原子与一个金属原子且以双键连接的一类有机分子。可用作催化剂。

03.132 扩孔效应 reaming effect
通过调节水热温度、加入扩孔剂等手段使孔材料孔径增大的效应。

03.133 择形效应 shape-selective effect
分子筛催化剂根据其晶体内通道的大小,只能让某一定大小或某一形状的分子通过的特性。

03.134 空间效应 steric effect
又称"立体效应"。分子中某些原子或基团

彼此接近引起分子内的张力而发生的空间位阻和偏离正常键角的现象。

03.135　电子效应　electronic effect
由于不同原子之间存在电负性差别而导致的化学键极化的现象。

03.136　协同效应　synergy
两种或两种以上的组分相加或调配在一起,所产生的作用大于各种组分单独应用时作用总和的现象。

03.137　穿透硫容　breakthrough sulfur capacity
单位体积的脱硫剂在确保工艺气中硫净化度指标的前提下,所能吸收的硫的最大质量。

03.138　热点温度　hot spot temperature
催化剂床层温度最高点对应的温度。

03.139　Ω 分子筛　omega zeolite
骨架结构类型为 MAZ 的人工合成的硅铝沸石。空间群为 $P63/mmc$,典型晶胞组成为 $(Na_2^+,K_2^+,Mg^{2+},Ca^{2+})_5[Al_{10}Si_{26}O_{72}]\cdot28H_2O$,主孔道为 12 元环。

03.140　分子筛修饰　molecular sieve modification
通过化学手段对分子筛的孔径进行精细调变或对分子筛外表面无择形反应活性位进行钝化,以提高分子筛催化选择性的方法。

03.141　八面沸石　faujasite
又称"FAU 结构分子筛"。由硅氧和铝氧四面体基本结构单元组合排列成具有三维孔道体系的晶体硅铝酸盐。主要孔口为十二元环形,孔径为 0.74nm。按 Si/Al 比不同,分为 X 型和 Y 型。

03.142　X 型分子筛　X zeolite
硅铝比为 1~1.5 的 FAU 结构分子筛。

03.143　13X 分子筛　13X zeolite
X 型分子筛的一种。其孔径为 10Å,可吸附大于 3.64Å 小于 10Å 的分子,晶胞组成为

$Na_2O[(Al_2O_3)_{4.45}SiO_2]\cdot6H_2O$。

03.144　Y 型分子筛　Y zeolite
硅铝比为 1.5~3 的 FAU 结构分子筛。

03.145　NaY 分子筛　NaY zeolite
阳离子为 Na^+ 的 Y 型分子筛。其骨架结构与 Y 型分子筛相同,为白色立方八面晶体,晶胞组成为 $Na_{56}[(AlO_2)_{56}(SiO_2)_{136}]\cdot xH_2O$。

03.146　USY 系列分子筛　USY molecular sieves
又称"超稳 Y 系列分子筛"。经过水热脱铝方法制备得到的骨架结构超稳定化的 Y 型分子筛。其骨架硅铝一般大于 8。

03.147　杂原子分子筛　heteroatom zeolite
构成骨架的元素中,有除硅铝磷外的其他杂原子的分子筛。

03.148　硼硅分子筛　boron silicon zeolite
主要骨架构成元素为硼和硅的分子筛。

03.149　钛硅分子筛　titanium silicon zeolite
主要骨架构成元素为钛和硅的分子筛。

03.150　L 型分子筛　L zeolite
骨架结构类型为 LTL 的一种硅铝比较高的、人工合成的含钾大孔分子筛。空间群为 $P6/mmm$,其典型晶胞组成为 $K_6^+Na_3^+[(Al_9Si_{27}O_{72}]\cdot21H_2O$,具有 12 元环一维孔道。

03.151　3A 分子筛　3A zeolite
一种孔径为 0.3nm 的碱金属硅铝酸盐分子筛。主要用作干燥剂吸附水。

03.152　介孔分子筛　mesoporous molecular sieve
具有孔径大小在 2~50nm 范围内的有序孔道结构的分子筛。

03.153　MFI 结构分子筛　MFI zeolite
骨架结构类型为 MFI 的一类人工合成分子筛。具有双十元环交叉孔道结构,空间群为

Pnma,最典型的为 ZSM-5 分子筛。

03.154　MOR 结构分子筛　MOR zeolite
骨架结构类型为 MOR 的一类分子筛。空间群为 *Cmcm*,晶胞化学式为 $[Na_8(H_2O)_{24}]$ $[Si_{40}Al_8O_{96}]$,最典型的为丝光沸石。

03.155　MWW 结构分子筛　MWW zeolite
骨架结构类型为 MWW 的一类人工合成分子筛,空间群为 *P6/mmm*,典型分子筛如 MCM-22 分子筛,其晶胞化学式为 $H_{2.4}^+Na_{3.1}^+[Al_{0.4}$ $B_{5.1}Si_{66.5}O_{144}]$,具有 10 元环孔道二维结构。

03.156　EUO 结构分子筛　EUO zeolite
骨架结构类型为 EUO 的一类人工合成分子筛。空间群为 *Cmme*,典型分子筛如 EU-1 分子筛,其晶胞化学式为 $Na_n^+(H_2O)_{26}$ $[Al_nSi_{112-n}O_{224}]$,具有 10 元环孔道结构。

03.157　NES 结构分子筛　NES molecular sieve
骨架结构类型为 NES 的人工合成分子筛。空间群为 *Fmmm*,典型分子筛如 NU-87 分子筛,其晶胞化学式为 $H_4^+(H_2O)_n[Al_4Si_{64}O_{136}]$,具有 10 元环孔道结构。

03.158　P 型分子筛　zeolite P
骨架结构类型为 GIS 的人工合成分子筛。是一种合成结晶铝硅酸盐沸石,空间群为 $I4_1/amd$,其晶胞组成为 $Na_2O[(Al_2O_3)_{(2\sim5)}$ $SiO_2]_nH_2O$,具有 8 元环三维孔道结构,孔尺寸 0.31nm×0.44nm 和 0.28nm×0.49nm。

03.159　SAPO 系列分子筛　SAPO molecular sieves
骨架结构由 Si、Al、P、O 4 种元素组成的微孔分子筛。具有多种结构。

03.160　共结晶分子筛　cocrystal zeolite
又称"共晶分子筛"。通过合成的方法将两种或两种以上的分子筛共生所形成的分子筛材料。

03.161　非晶态合金　amorphous alloy
又称"无定形合金"。在一定条件下,某些金属或合金呈非晶态结构,原子排列呈短程有序、长程无序状态的合金。

03.162　格拉布催化剂　Grubbs catalyst
由美国科学家格拉布(Robert Grubbs)发现的一种钌卡宾络合物催化剂。主要用于催化烯烃复分解反应。

03.163　[活性]白土　[active] clay
化学式为 $SiAl_4(OH)_4O_2$,由黏土(主要是膨润土矿)经酸活化处理制成的多孔材料。

03.164　高岭土　kaolin
又称"瓷土(china clay)"。以高岭石族矿物为主要成分的软质黏土。因首先发现于中国江西省景德镇高岭村而得名。

03.165　骨架铝　framework aluminum
以铝氧四面体结构形式存在于分子筛骨架结构中的铝原子。

03.166　骨架镍　Raney nickel
又称"雷尼镍"。由带有多孔结构的镍铝合金细小晶粒组成的固态异相催化剂。可用于催化加氢、脱硫等多种反应。

03.167　石墨　graphite
碳元素的六种同素异形体之一。具有完整的六角环形片状体叠合而成的层状晶体结构。

03.168　离子液体　ionic liquid
在室温下呈液态的、完全由离子组成的化合物。可通过酸碱中和反应或季铵化反应合成,可应用于氢化反应、弗里德尔-克拉夫茨反应、赫克反应、第尔斯-阿尔德反应、不对称催化反应、分离提纯以及电化学研究等领域。

03.169　纳米催化剂　nanocatalyst
通常指活性组分粒径小于 100nm 的催化剂。

03.170　碳纳米管　carbon nanotube
一种管状的碳分子。管上碳原子采取 sp^2 杂化,相互之间以碳-碳 σ 键结合起来形成由六边形组成的蜂窝状结构。

03.171 纳米金刚石 nanodiamond
由 1 ~ 100nm 的金刚石微粒组成的纳米材料。

03.172 石墨烯 graphene
由碳原子以 sp^2 杂化轨道组成六角型呈蜂巢晶格的平面薄膜材料。厚度仅相当于 1 个碳原子的直径。

03.173 负载[型]催化剂 supported catalyst
活性组分担载于载体表面而构成的催化剂。

03.174 非负载型催化剂 unsupported catalyst
不含载体的催化剂。

03.175 复合催化剂 composite catalyst
同时含有几种不同催化功能活性组分的催化剂。

03.176 复合氧化物催化剂 composite oxide catalyst
由不同金属氧化物按一定配比以共价键或离子键的形式相结合形成活性组分的催化剂。

03.177 金属基催化剂 metallic catalyst
以单质金属为活性组分的催化剂。

03.178 贵金属负载型催化剂 noble metal supported catalyst
将单质贵金属负载于载体上构成的催化剂。

03.179 碱金属负载型催化剂 alkali metal supported catalyst
将碱金属化合物负载于载体上构成的催化剂。

03.180 羰基金属催化剂 metal carbonyl catalyst
以一氧化碳作为配位体与金属结合的化合物（即羰基金属）作为活性组分的催化剂。

03.181 双金属催化剂 bimetallic catalyst
以两种不同金属单质或化合物作为活性组分的催化剂。

03.182 稀土金属基催化剂 rare earth metal catalyst
以稀土金属化合物作为活性组分的催化剂。

03.183 金属氧化物催化剂 metal oxide catalyst
以金属氧化物为主要活性组分的催化剂。

03.184 后过渡金属催化剂 late-transition metal catalyst
由元素周期表Ⅷ族中的 Fe、Ni、Ru、Rh、Pd 等金属络合物为活性组分的催化剂。

03.185 络合物催化剂 complex catalyst
又称"配合物催化剂"。以金属络合物作为活性组分的催化剂。

03.186 择形催化剂 shape-selective catalyst
利用催化剂内部孔道结构对分子扩散具有形状选择性的特点,提升目标产物选择性的一类催化剂。

03.187 相转移催化剂 phase transfer catalyst
能促使反应物从一相转移到另一相,从而加快异相系统反应速率的一类催化剂。

03.188 合金膜催化剂 alloy membrane catalyst
一种致密的金属合金薄膜形式的催化剂。

03.189 均相催化体系 homogeneous catalyst system, homogeneous catalytic system
催化剂与反应物处于相同的均匀气相或液相状态下的催化反应系统。

03.190 均相催化剂 homogeneous catalyst
催化反应时,催化剂与反应物处于同一相态的催化剂。

03.191 多相催化剂 heterogeneous catalyst
又称"非均相催化剂"。催化反应时,催化剂与反应物处于不同相态,催化反应在两相界面上进行的催化剂。一般为固体催化剂。

03.192 钯碳催化剂 palladium on charcoal catalyst, palladium on carbon catalyst
将钯金属负载于多孔活性炭表面的催化剂。常用于加氢工艺。

03.193 酸[性]催化剂 acid catalyst
本身具有酸性,在化学反应中能起酸性催化作用的物质。包括固体酸催化剂和液体酸催化剂。

03.194 杂多酸 heteropolyacid
由两种及以上无机含氧酸缩合而成的多元酸的总称。是一种结构特殊的多核配位化合物,可作为可重复使用的酸性催化剂。

03.195 金属盐催化剂 metal salt catalyst
以金属盐为活性组分的催化剂。

03.196 树脂催化剂 resin catalyst
全称"离子交换树脂催化剂(ion exchange resin catalyst)"。用作催化剂的离子交换树脂。包括酸性阳离子交换树脂、碱性阴离子交换树脂等。

03.197 薄膜催化剂 thin film catalyst
可以同时起到分离和催化作用的催化剂涂层。厚度通常在 $0.1 \sim 1000\mu m$,按膜材料可分为无机膜、有机膜、生物膜以及复合膜;按膜孔结构可分为致密膜、多孔膜、微孔膜、超微孔膜以及渗透膜;按形状可分为管形膜、中空形膜、平面薄膜等。

03.198 齿形催化剂 gear shaped catalyst
外观呈齿轮形的催化剂。可通过挤出机成型或模具压制得到。

03.199 微球形催化剂 microsphere catalyst
外观呈粉末状的催化剂。可通过喷雾干燥机成型得到,通常直径为 $20 \sim 200\mu m$,适用于流化床反应器。

03.200 球形催化剂 spherical catalyst
外观呈圆球状的催化剂。可通过转动造粒、油中成型、模具压制等方法制备。通常直径为 $0.5 \sim 5mm$,适用于固定床、移动床反应器。

03.201 异形催化剂 irregular catalyst
通过成型操作得到的具有特殊几何形状的固体催化剂。如三叶形、四叶形等。

03.202 挤条催化剂 extruded catalyst
通过挤出机成型得到的条形固体催化剂。

03.203 压片催化剂 tableted catalyst
通过压片机成型得到的固体催化剂。根据采用的模具截面可以呈圆形、环形或其他规则或不规则的形状。

03.204 黏结剂 binder
催化剂成型过程中起黏结作用的物质。

03.205 模板剂 template agent
又称"导向剂"。在分子筛合成过程中,为分子筛结构及内部孔道的形成起结构导向作用的有机化合物。主要是以胺类为主的有机碱和铵离子。

03.206 氧化还原促进剂 redox promoter
为缩短反应时间、增加目的物的产量而添加到氧化还原反应系统中的不参加反应的物质。

03.207 造孔剂 pore former, pore forming agent
催化剂成型过程中,加入用于改善固体催化剂材料内部孔结构的添加剂。通常为聚乙二醇、烷基纤维素等高分子材料。

03.208 干燥剂 desiccant
除去吸附在固体、液体、气体内少量水分或溶剂的物质。可分为物理吸附剂(如硅胶、氧化铝)和化学吸附剂(如浓硫酸、无水氯化钙)。

03.209 氧化剂 oxidant, oxidizer
在氧化还原反应中,氧化数降低的反应物。

03.210　还原剂　reductant, reducer, reducing agent

在氧化还原反应中,氧化数升高的反应物。

03.211　脱附剂　desorption agent

能有效地使吸附于固体物中的其他物质脱除的物质。

03.212　反应终止剂　reaction terminator

用于阻止反应继续进行的物质。

03.213　钝化剂　passivator

通过其作用在金属表面形成一层致密氧化膜(钝化膜)从而增强金属防腐能力的物质。

03.214　亲核试剂　nucleophile, nucleophilic reagent

又称"亲核体"。化学反应过程中,给予电子或将电子共用于其他分子或离子的物质。

03.215　亲电试剂　electrophile, electrophilic reagent

又称"亲电体"。在化学反应过程中,能从其他分子或离子得到电子或共用电子的物质。

03.216　冷冻剂　cryogen, refrigerant

在制冷设备中作为制冷介质的物质。

03.217　抗氧化剂　antioxidant

又称"抗氧剂"。可清除或抑制自由基的产生,阻断自由基连锁反应的蔓延,终止自由基反应的物质。

03.218　硝化剂　nitrating agent

在化学反应中,可向有机化合物引入硝基、硝酸酯基的物质。

03.219　胺化剂　aminating agent

可通过化学反应向有机物分子中引入氨基($-NH_2$)并生成胺的物质。

03.220　中和剂　neutralizer

用于调节酸性或碱性溶液 pH 值至中性的物质。

03.221　溶剂　solvent

能溶解其他物质(溶质)而形成溶液的物质。

03.222　*N*-甲酰吗啉　*N*-formylmorpholine, NFM

又称"4-甲酰基吗啉"。分子式为 $C_5H_9NO_2$,由吗啉酰化制得,作为溶剂可用于芳烃抽提等有机化工生产过程。

03.223　*N*-甲基吡咯烷酮　*N*-methyl pyrrolidone, NMP

又称"1-甲基-2-吡咯烷酮"。分子式为 C_5H_9NO,主要由 γ-丁内酯与甲胺反应制得,作为溶剂广泛用于碳四馏分分离、芳烃抽提等有机化工生产过程。

03.224　非质子溶剂　aprotic solvent

又称"非质子传递溶剂""无质子溶剂"。不能给出质子的溶剂。

04．工艺过程与设备

04.01　通用名词

04.001　化学工艺　chemical technology

又称"化工技术""化学生产技术"。将原料主要经过化学反应转变为产品的方法和过程。包括实现这一转变的全部措施。

04.002　联产工艺　cogeneration process, coproduction process

同时生产 2 种及以上主要产品的化学生产工艺。

04.003　分离工艺　separation process
在分离场或分离介质内发生组分物质选择性反应、相变、传递、迁移或截留,得到组分不相同的两种或几种产品的过程。

04.004　气液分离　gas-liquid separation
通过重力沉降、惯性碰撞、离心分离、静电吸引、扩散等方法实现气液相分离的过程。

04.005　深冷分离　cryogenic separation
在低温深度冷冻条件下,用精馏的方法实现不同气体组分分离的过程。

04.006　膜分离　membrane separation
以选择性膜为分离介质,通过在膜两边施加推动力,使原料侧组分选择性地透过膜,以达到分离提纯的目的。

04.007　膜吸收　membrane absorption
膜分离与传统物理吸附、化学吸收相结合,实现物质分离、吸收的过程。

04.008　错流过滤　cross-flow filtration
利用无机或有机膜多孔的结构,料液平行于膜面流动,通过料液的流动冲刷带走部分膜面上滞留的颗粒,实现澄清料液的过程。

04.009　静电沉淀工艺　electrostatic precipitation process
利用电场力作用,使含尘或含雾滴气体得以气固(或气液)分离的过程。

04.010　渐进分离　progressive separation
为降低能耗,对原料气中沸点相邻组分实行不完全分离,而对沸点相差较远的组分实行完全分离,经多次分离逐步实现组分分离的工艺。常用于乙烯生产。

04.011　顺序分离　sequential separation
将原料气中的各组分按照碳数或分子量的顺序逐一分离的工艺。常用于乙烯生产。

04.012　沉降分离　settling separation
分散相颗粒在重力场中与分散相流体发生相对运动而实现分离的过程。

04.013　离心澄清　centrifugal clarification
悬浊液或乳浊液在离心力作用下发生固液、液液分离而变得澄清的过程。

04.014　溶剂吸收工艺　solvent absorption process
利用溶剂对气体各组分溶解度的差异,实现混合气体分离的过程。

04.015　变压吸附　pressure swing adsorption, PSA
利用吸附剂的平衡吸附量随组分分压升高而增加的特性,进行加压吸附、减压脱出的操作过程。

04.016　变温吸附　temperature swing adsorption, TSA
利用不同温度下吸附剂对气体中不同组分吸附能力的差异,在吸附塔中实现混合气体分离的工艺。

04.017　深冷结晶　cryogenic crystallization
在低温深度冷冻条件下,使液体产生过饱和析出晶体,实现不同液体组分分离的过程。

04.018　降膜结晶　falling-film crystallization
熔融混合物在垂直的结晶器管壁上以薄膜形式下降,并在管壁上结晶析出的过程。

04.019　静态熔融结晶　static melt crystallization
静止的熔融混合物在冷却壁面上析出结晶层的过程。

04.020　共熔结晶　eutectic crystallization
利用某些混合物的共熔特性,得到两种或多种晶相共存的低共熔结晶产物的过程。

04.021　乳化结晶　emulsion crystallization
利用水代替部分溶剂,并在乳化剂和助剂的作用下使溶质从乳浊液中结晶析出的过程。

04.022　络合结晶　complexation crystallization

利用络合剂分离出溶液中的杂质,再对滤液进行结晶提取有效组分的过程。

04.023　冷冻结晶　freezing crystallization

通过降低温度,使液体产生过饱和析出晶体,实现不同液体组分分离的过程。

04.024　双溶剂结晶　double-solvent crystallization

溶质在两种纯溶剂组成的混合溶剂中因溶解度发生变化而结晶的过程。

04.025　逆流结晶洗涤　countercurrent crystallization and washing

晶体与回流熔融液逆流接触,利用熔融液的主体流动带走晶体表面的黏附液,或晶体表面黏附液中的杂质向回流熔融液传递从而使晶体纯度提高,同时回流熔融液在洗涤过程中也不断析出结晶的过程。

04.026　共结晶　cocrystallization

两种或多种组分以一定的计量比形成晶体结构的过程。

04.027　单级蒸馏　single stage distillation

对液体混合物只进行一次部分气化的蒸馏方法。只能实现混合物的部分分离,包括平衡蒸馏和简单蒸馏。

04.028　精馏　rectification

全称"多级蒸馏(multistage distillation)"。最常用的一种蒸馏方法。在一座蒸馏塔内同时进行多次部分汽化与部分冷凝以分离液体混合物中的组分。

04.029　共沸精馏　azeotropic rectification

又称"恒沸精馏"。通过在恒沸点混合物或组分挥发度相近混合物中加入第三组分,形成与原混合物中的一个或几个组分的沸点相差较大的新恒沸点混合物,使混合物容易分离的方法。

04.030　萃取精馏　extractive distillation

又称"抽提蒸馏"。通过在沸点很接近或是能生成共沸物的混合物中加入萃取剂,改变原混合物的蒸气压或破坏所形成的共沸物,增大关键组分之间的相对挥发度,使混合物容易分离的方法。

04.031　催化精馏　catalytic distillation

又称"催化蒸馏"。催化反应与精馏的耦合技术,在同一台设备中进行催化反应与精馏分离,利用精馏分离反应产物与原料,破坏化学反应平衡,加速催化反应,同时利用催化反应,破坏气液平衡,加快精馏的传质分离的过程。

04.032　变压精馏　pressure swing distillation

利用共沸点随压力变化而显著改变的特点,采用不同操作压力的精馏塔实现共沸物分离的特殊精馏方法。

04.033　超精馏工艺　super distillation process

又称"精密精馏工艺"。被分离组分的相对挥发度较小时所采用的一种精馏工艺。与普通精馏相比,其特点是塔板数较多,回流比较大,且操作控制要求较高。

04.034　物理吸收过程　physical absorption process

以物理溶剂为吸收剂,利用 H_2S、CO_2 等酸性物质与其他物质在溶剂中溶解度的不同,实现脱硫脱碳的过程。

04.035　化学吸收过程　chemical absorption process

以化学溶剂为吸收剂,利用 H_2S、CO_2 等酸性物质与溶剂间形成介稳化合物或加合物,实现脱硫脱碳的过程。

04.036　多级闪蒸　multistage flash

全称"多级闪急蒸发"。加热料液依次通过多个压力逐级降低的闪蒸室,经过多次闪蒸平衡的蒸发过程实现组分分离的过程。

04.037　回流　reflux
在精馏过程中,塔顶蒸气冷凝得到的液体返回塔内的过程。

04.038　共沸　azeotropy
处于相平衡的气体和液体混合物具有相同的组成,即各组分的相平衡常数或相对挥发度均等于1的状态。在此状态下的混合物称为共沸物。

04.039　薄膜蒸发　thin film evaporation
使液体形成薄膜状态具有较大的气化表面,从而快速进行蒸发的过程。

04.040　反冲洗　backflushing, backwashing
采用流体反向冲洗滤层的过程。

04.041　冷冻脱水　freezing dehydration
将含水物料冷冻到冰点以下,使水转变为冰,然后在较高真空下将冰转变为蒸汽而除去的干燥方法。

04.042　精制　refining
将杂质组分从主成分中去除的过程。

04.043　提纯　purification
除去某种物质所含的杂质,使其纯度提高的过程。包括蒸发、结晶、萃取、离子交换、色谱分离等方法。

04.044　熔融造粒　melting granulation
利用物料的低熔点特性(一般低于300℃),通过特殊的冷凝方式,使其冷凝结晶成特定形状的过程。主要包括塔式振动喷流造粒技术、喷雾造粒技术和流化床冷却造粒技术等。

04.045　溶剂回收　solvent recovery
将化工生产过程中的溶剂通过吸收、冷冻冷凝、固体吸附等方法进行回收处理的过程。

04.046　超临界回收　supercritical recovery
利用流体在超临界状态下的特性对物料进行回收的技术。

04.047　喷雾干燥　spray drying
将悬浮液或黏滞的液体喷成雾状增加表面积,与热空气接触,在瞬间将大部分水分除去,实现脱水干燥的过程。

04.048　鼓式干燥　drum drying
又称"转鼓干燥"。将湿物料黏附于被加热的金属转鼓上,实现物料干燥的过程。

04.049　气流干燥　pneumatic drying
利用高温气流对散粒状固体物料进行干燥的过程。

04.050　循环熔盐换热　molten salt circulating heat exchange
以熔盐为热载体,通过熔盐泵进行循环换热的过程。

04.051　导热油换热　oil circulating heat exchange
以导热油为热载体,通过油泵进行循环换热的过程。

04.052　急冷　quench, chill
又称"激冷"。冷却介质与高温物料接触,使其快速冷却的过程。包括直接急冷和间接急冷。

04.053　射流混合　jet mixing
通过流体的高速喷射实现物料混合的过程。

04.054　除尘　dedusting
清除气体中悬浮的固体颗粒的过程。包括布袋除尘、静电除尘、湿法除尘等方法。

04.055　轻组分　light component
精馏过程中沸点比关键组分低的组分。

04.056　重组分　heavy component
精馏过程中沸点比关键组分高的组分。

04.057　分散相　discrete phase, dispersed phase
分散体系中被分散的物相。

04.058 连续相 continuous phase
在体系中用来分散其他相的连续的相。其本身物理和化学性质均匀分布。

04.059 特性因素 characterization factor
用于评价催化裂化原料石蜡烃含量的指标。由密度和平均沸点计算得到,通常用 K 表示。

04.060 线速度 linear velocity
流体通过反应器或管道横截面的速度。

04.061 停留时间 residence time
在化工过程中,被加工物料在反应器催化剂床层、精馏塔等空间中经历的时间。

04.062 空时 space time
反应器体积与单位时间内进入反应器的反应物体积之比。

04.063 空速 space velocity
单位时间内,通过单位体积反应区域或催化剂床层的反应物流量。分为质量空速和体积空速。

04.064 回收率 recovery yield
实际得到的产品占应得产品的百分比。

04.065 转化率 conversion
化学反应过程中,某反应物转化为生成物的百分数。

04.066 产率 yield
生成目的产物所消耗的原料量与参加化学反应的原料量的百分比。

04.067 收率 yield
目标产品的实际产量占投入原料量的百分比。收率等于转化率与选择性的乘积。

04.068 单程收率 yield per pass
反应物一次经过催化剂床层的收率。常用于衡量催化剂活性。

04.069 时空产率 space time yield
单位时间单位量的催化剂上所得目标产物的量。

04.070 收率分布 yield distribution
目标产物的收率随反应条件变化而变化的情况。根据收率分布,选择适宜的反应条件。

04.071 产物分布系数 distribution coefficient of product
产物各组分的平衡浓度占分析浓度的比值。

04.072 原料灵活性 feedstock flexibility
原料种类、来源、组成和配比的多样性。

04.073 生产能力 capacity
化工设备单位时间内通过物料的体积或质量。以原料为依据,称为设备的处理能力;以产品为依据,则称为产量。

04.074 装置负荷 load
装置实际投料量与设计投料量的比值。

04.075 运转周期 operation cycle, running period
设备或装置连续正常运行的时间。

04.076 操作弹性 operation flexibility
在装置设计时,考虑在操作参数发生变化的情况下,能够确保装置稳定运行的最大操作范围。

04.077 床层压降 bed pressure drop
流体通过床层时阻力的大小。可为工程放大设计提供依据。

04.078 许可压降 allowable pressure drop
各种流体在一定工作范围内允许使用的最高压力降损失值。

04.079 可凝组分 condensible component
在一定温度、压力条件下,气体冷凝成液体的物质组成。

04.080 不可凝组分 non condensible component

在一定温度、压力条件下,气体未冷凝成液体的物质组成。

04.081 不凝气 non-condensable gas

在一定温度、压力条件下,不能在冷凝装置内液化的气体。常见的不凝气有氮气、甲烷、一氧化碳、氢气及其他烷烃等。

04.082 循环气 recycle gas

反应物料经冷却分离后,再经升压返回反应系统的气体。

04.083 尾氧含量 oxygen content in tail-gas

反应器出口气体或放空气体中氧气所占的比例。

04.084 公用工程 utility

维持化工装置正常运行的辅助设施的总称。主要包括给水排水、供气(汽)、供电、供暖、制冷等。

04.085 能耗 energy consumption

处理单位原料或生产单位产品所消耗的能量。综合能耗是装置主要技术经济指标之一。

04.086 能源效率 energy efficiency

简称"能效"。在能源利用中发挥作用的能源量与实际消耗的能源量之比。

04.087 物料平衡 material balance, mass balance

根据质量守恒定律,计算化工生产过程某个单元或全厂的原料和辅助材料的用量,应当等于各种中间产品、副产品、产品的产出量以及三废的排放量之和。

04.088 水平衡 water balance

在一个生产体系的生产过程中所用全部水的进出平衡。

04.089 蒸汽平衡 steam balance

在一个生产体系的生产过程中各级蒸汽供应与使用量的平衡。

04.090 燃料平衡 fuel balance

在一个生产体系的生产过程中燃料的供应与使用量的平衡。

04.091 余热 waste heat

又称"废热"。生产过程中释放出来、尚未被利用的热能。主要有高温废气、烟气及低温余热,可用于生产蒸汽或发电。

04.092 制冷量 refrigeration duty

单位时间内冷冻剂从被冷物体交换出的热量。

04.093 冷损 cold loss

由于周围空气温度高于制冷装置内部温度,部分热量不可避免地传入装置内部所消耗的部分冷量。

04.094 轴向温差 axial temperature difference

反应器轴向方向上最高温度与最低温度的差值。

04.095 锅炉给水 boiler feed water

经过软化、脱盐和脱氧处理的工业用水。主要用于锅炉、废热废锅及其他设备产蒸汽。

04.096 脱氧水 deoxygenated water

又称"除氧水"。经过脱氧处理的工业用水。主要作为锅炉给水。

04.097 脱盐水 demineralized water

将水中强电解质和弱电解质去除到一定程度的工业用水。

04.098 蒸汽凝液 steam condensate

蒸汽在间接加热设备内释放出气化潜热后产生的高温凝结水。主要用于物料伴热、替代脱盐水等。

04.099 工艺凝液 process condensate

在生产过程中被冷凝下来的工艺水。主要成分是水及微量杂质,通过处理可以回收利用。

04.100 急冷液 quench water, chilled water

喷入反应器或急冷器内用于降温的液体。

04.101 循环水 recycle water
作为换热介质,在化工生产过程中冷却蒸汽、产品或设备的水。

04.102 工厂空气 plant air
未经过干燥、过滤、除油的压缩空气。用于装置的吹扫及其他用途。

04.103 仪表空气 instrument air
经过干燥、过滤、除油的压缩空气。主要用于气动执行机构(气动阀门的执行器、气缸等)的驱动气源。

04.104 烟气 flue gas
含碳燃料燃烧时所产生的从烟道或烟囱排出的气体。一般含有水蒸气、二氧化碳、氮气、氧气、氮氧化物及硫化物等。

04.105 固含率 solid holdup
物料中固体物质的含量。

04.106 中试装置 pilot plant
在一定规模的装置上进行模拟全流程放大试验。模拟全流程中几个关键部分,以期获得大规模生产装置设计所需的数据以及发现可能出现的放大效应。

04.107 工业示范装置 industrial demonstration plant
以小试、模试及中试研究的技术为基础建设的首套工业装置。

04.108 绝热反应器 adiabatic reactor
反应区与环境之间无热量交换的一种理想反应设备。

04.109 等温反应器 isothermal reactor
反应区内温度处处相等的一种理想反应设备。

04.110 管式反应器 tubular reactor
由长径比很大的管状设备组成的反应器。

04.111 釜式反应器 tank reactor
又称"槽式反应器""罐式反应器"。一种低高径比的圆筒形反应器。通常装有搅拌器,主要由釜体、搅拌器和换热器三大部件组成。多用于液相单相反应和液液、气液、液固、气液固等多相反应过程。

04.112 连续搅拌釜式反应器 continuous stirred tank reactor
操作方式为连续进料、连续出料、带有搅拌装置的釜式反应器。

04.113 固定床反应器 fixed bed reactor
装填有固体催化剂且催化剂处于静止状态的反应设备。广泛用于气固相反应和液固相反应过程。

04.114 列管式固定床反应器 multitubular fixed bed reactor, tubular fixed bed reactor
又称"固定床列管反应器"。用于气-固相催化反应的设备。由若干长径比很大的管子排列而成,管内或管间填充催化剂,载热介质经管间或管内进行加热或冷却,以保持最佳反应温度,适用于反应热效应较大的反应。

04.115 轴向固定床反应器 axial fixed bed reactor
反应物料流向与反应器的轴平行的固定床反应器。可分为单段轴向固定床反应器和多段固定床反应器。

04.116 轴径向反应器 axial-radial reactor
引导部分流体以轴径向二维流动的方式通过径向床顶部的催化剂自封区域,充分利用该区域催化剂,而在床层其余区域保持径向流动的固定床反应器。

04.117 多段轴向固定床反应器 multistage axial fixed bed reactor
又称"多层轴向固定床反应器"。简称"层式反应器"。由多段催化剂床层构成的固定床反应器。特点是在每段催化剂床层中,反应物料流向与反应器的轴平行。多段间换热方式可分为直接冷却和间接冷却。

04.118 径向固定床反应器 radial fixed bed reactor

反应物料沿反应器径向流动的固定床反应器。特点是流道短,流速低,可降低催化剂床层压降。

04.119 等温固定床反应器 isothermal fixed bed reactor

反应区内温度处处相等的固定床反应器。是一种理想反应设备。

04.120 鼓泡固定床 bubbling fixed bed

用于气–液–固三相接触反应的设备。其特点在于固体(催化剂)固定于床层中,气液两相以并流向上的操作形式通过固定床层,具有气液传质系数高、液体滞留量大、液相径向浓度及温度分布比较均匀、催化剂使用寿命长等特点,广泛用于氢气流量受到限制的选择性加氢反应。

04.121 薄层床反应器 thin layer reactor

催化剂床层很薄的固定床反应器。适用于反应速率快、放热量大的反应,如甲醇银法制甲醛反应器。

04.122 固定床管壳式反应器 tube-shell fixed-bed reactor

用于气–固相催化反应的设备。主要由壳体、反应管和两端管板构成,反应管内(或外)填充催化剂,冷却介质经管外(或管内)带走反应热,以控制反应床层温度。

04.123 卧式固定床反应器 horizontal fixed bed reactor

设备的中心轴与地面平行的固定床反应器。

04.124 自流循环固定床反应器 self-circulation fixed bed reactor

用于制氢的反应设备。气液混合物作为热交换介质,在不需要任何机械设备的条件下,在反应器内部流动,其中,气相在冷凝压差推动下流向催化反应管管壁并冷凝下来,液相在重力的推动下流回再沸器。

04.125 冷激式固定床反应器 quench type fixed bed reactor

低温的冷激气直接与固定床反应器内的气混合直接换热的反应设备。

04.126 流化床反应器 fluidized bed reactor

又称"沸腾床反应器"。气体或液体通过固体颗粒层而使其处于悬浮运动状态,并进行气–固或液–固反应过程的设备。

04.127 提升管反应器 riser reactor

由提升管、沉降器等组成的气固相流化床反应器。广泛用于催化裂化反应。

04.128 磁稳定床反应器 magnetically stabilized bed reactor

采用磁敏性催化剂颗粒作为床层介质,利用磁力使颗粒处于悬浮,并进行化学反应的流化床反应器。

04.129 滴流床 trickle bed

又称"涓流床""三相涓流床(three-phase trickle bed)"。催化剂静止不动,液相反应物从顶部喷淋分散成液滴,使催化剂处于润湿状态,气相与液相反应物同向或逆向通过催化剂床层的三相床。

04.130 卧式水冷反应器 horizontal water-cooling reactor

设备中心轴与地面平行的一种列管式反应器。由卧式水冷壳体和水冷管组构成,催化剂装在管间,原料气从上部经分布板流入床层,与水冷管呈90°错流向下流动,冷却水进入水冷管组内,吸收管外反应热,控制床层反应温度。

04.131 浆态床反应器 slurry bed reactor

气体以鼓泡形式通过悬浮有固体细粒的液体

（浆液）层以实现多相化学反应的反应器。可用于两相和三相反应。其中液体可以是反应物,也可以是惰性载液。

04.132 上流式绝热反应器 upflow adiabatic reactor

流体在反应器内自下而上通过床层参与化学反应的绝热反应器。用于气固催化反应。

04.133 连续鼓泡塔式反应器 continuous bubble column reactor

气体以鼓泡的形式连续通过液相,具有较大的液体持有量、较高的传质效率、大长径比的气液反应设备。

04.134 浆液泡罩塔式反应器 slurry bubble column reactor

反应物为气相,催化剂为固相、反应产物为液相的一种多相反应器。主要由浆态区、供气装置、气相分布器、喷气喷嘴等构成。典型应用为作为费-托合成的反应装置。

04.135 冷壁反应器 cold-wall reactor

内壁衬有绝热非金属材料的一种液(气)固催化反应器。主要由筒体、非金属衬里、封头等组成。

04.136 喷射反应器 jet reactor

又称"射流反应器"。用于气液、液液或气液固反应的设备。由反应釜和射流喷嘴等组成,利用流体通过射流喷嘴形成高速流动使各相密切接触混合,在反应器内均匀分散或混合或悬浮并完成反应。

04.137 内循环气升式反应器 internal-loop airlift reactor

用于气液反应的设备。在传统的气液鼓泡床反应器内加入导流筒或隔板构成。根据进气位置的不同,又分为环隙气升式和中心气升式。气升式反应器的流体存在明显的循环运动,因而具有混合效果好、剪切作用小、传质效率高等优点。

04.138 中和釜 neutralization reactor

进行中和反应的釜式搅拌反应器。

04.139 微通道反应器 micro-channel reactor

内部结构主要由微米级(通常 $10 \sim 300\mu m$)通道构成的微反应器。

04.140 旋转床反应器 rotating bed reactor

通过旋转,使高度强化的流体分子充分混合与传递从而实现高效化学反应的反应器。如旋转填充床反应器、定转子反应器等。

04.141 双功能膜反应器 dual functional membrane reactor

将催化反应过程和分离过程相互作用并耦合起来的一种膜反应设备。

04.142 惰性膜反应器 inert membrane reactor

用于气固相反应的设备。设备内装填有只具备分离功能、无催化功能的惰性膜,可在一个反应器内同时实现反应和分离。

04.143 致密透氧膜反应器 dense oxygen permeation membrane reactor

设备中含有对氧气有良好选择性的致密透氧膜的反应器。可为反应提供高纯度氧气,主要用于氧化反应。

04.144 氢选择渗透填充床膜反应器 hydrogen selective permeation packed bed membrane reactor

装配有氢选择渗透膜的反应设备。主要用于加氢反应或脱氢反应。

04.145 钯膜反应器 palladium membrane reactor

装配有钯膜的反应设备。可用于加氢反应或脱氢反应。

04.146 惰性陶瓷膜反应器 inert ceramic membrane reactor

装填有惰性陶瓷膜的反应设备。只具备反应

体系各组分分离功能,不具备催化功能。

04.147 致密膜反应器 dense membrane reactor
装填有致密膜的反应设备。典型的膜为混合导体氧渗透膜和金属钯氢渗透膜。

04.148 多孔膜反应器 porous membrane reactor
装填有多孔膜装置的反应设备。每平方厘米膜含有1千万至1亿个孔,孔隙率占总体积的70%~80%,孔径范围在0.02~20μm之间。

04.149 钙钛矿型膜反应器 perovskite membrane reactor
采用钙钛矿型膜作为氧气提取装置的反应设备。

04.150 钯基膜 palladium based membrane
具有较强的吸氢能力,含有钯原子的膜材料。这种膜广泛应用于氢气的选择性分离或净化。

04.151 沸石膜 zeolite membrane
由沸石制备的膜材料。具有与分子大小相当且均一的孔径、离子交换性能、高温热稳定性能和优良的择形催化性能。按制备方式可分为填充型和支撑型。

04.152 合金膜 alloy membrane, alloy film
由特定组分构成合金元素的膜材料。用于物质的分离及催化过程。

04.153 金属膜 metal membrane, metal film, metallic membrane
金属膜是以多孔不锈钢为基体、陶瓷为膜层材料的一种金属−陶瓷复合型的无机膜。金属膜具有良好的塑性、韧性和强度,以及对环境和物料的适应性,用于物质的分离及催化过程。

04.154 陶瓷膜 ceramic membrane
以无机陶瓷材料经特殊工艺制备而成的非对称膜。具有化学稳定性好,耐酸碱、耐高温等优点。根据构型分为平板、管式和多通道3种,主要用于物质的分离过程。

04.155 填料塔 packed column
塔设备的一种。塔内填充适量专用填料,以增加气液两相逆流接触的表面积。

04.156 填料 packing, filler
装填于塔内的呈化学惰性的填充材料,可以使气相和液相在通过塔内时有很大的接触面积,并得以较好地混合。分为规整填料和不规整填料。

04.157 塔盘塔 tray column
用于气−液或液−液传质的设备。由筒体、塔盘构成,气液在塔内逆流接触,在每块塔盘上,上升的气相与板上的液相充分鼓泡,进行传质过程,达到分离目的。

04.158 斜孔塔盘 oblique hole tray
板面冲有若干排平行的斜孔,相邻两排的孔口方向相反、交错排列的塔板。

04.159 立体传质塔盘 combined trapezoid spray tray
以侧面由带孔的筛板和端板、上部由分离板构成的梯形喷射罩为特征的塔盘。

04.160 灵敏[塔]板 sensitive plate
塔板上液体组成或温度变化最大的塔板。

04.161 旋流板 vortex plate
由中间盲板连同周围排布的24片固定的风车叶片状的旋流叶片组成的一种喷射型塔板。

04.162 喷淋塔 spray column
通过喷射将液体分散成雾状或雨滴状,与另一相密切接触并相互作用,从而实现传质或传热过程的设备。

04.163 蒸馏塔 distillation column

用于液体混合物分离的塔设备。塔内件主要由塔板、填料、气液分布器、导流器等构成。

04.164 分馏塔 fractionator

一种塔式气液接触精馏设备。按内件分为板式塔和填料塔。

04.165 预精馏塔 pre-distillation column, pre-rectifying column

用于预先分离出可溶气体和沸点较低组分的精馏设备。

04.166 主精馏塔 main distillation column, main rectifying column

用于除去高沸点杂质组分,获得高纯度产品的精馏设备。

04.167 连续精馏塔 continuous rectification column

主要由精馏塔、再沸器和冷凝器组成的进行连续精馏操作的设备。用于混合液分离要求高且料液组成相对稳定的情况,适用于大量生产,并同时得到几种馏出液。

04.168 间歇精馏塔 batch distillation column, batch rectifying column

主要由精馏塔、再沸器和冷却器组成进行间歇精馏操作的设备。用于混合液的分离要求较高而料液品种或组分经常变化的情况,适于处理数量不大的液体混合物。

04.169 反应精馏塔 reactive distillation column

反应和精馏分离耦合于同一个塔中,使反应产物或中间产物及时分离,实现反应与分离相互促进、连续进行的设备。

04.170 催化精馏塔 catalytic distillation column

催化剂装填在精馏塔中,使催化反应和精馏分离耦合于同一个塔中,实现反应与分离相互促进、连续进行的设备。

04.171 单效精馏塔 single-effect distillation column

塔顶产生的二次蒸气不再利用,塔釜溶液也不通入其他精馏塔的精馏设备。

04.172 多效精馏塔 multi-effect distillation column

由压力依次降低的若干个精馏塔组成,前一精馏塔塔顶蒸气作为后一精馏塔再沸器的加热蒸气,从而充分利用不同品位的热能的精馏设备。

04.173 浮阀式精馏塔 float valve distillation column

通过在塔板筛孔处安装可上下移动的阀片,使开启度随气体负荷变化而自动调节的精馏塔。具有操作弹性大、在低负荷时仍能保持稳定操作的特点。

04.174 分壁式精馏塔 dividing wall column

在精馏塔里设置垂直隔壁将塔分成预分馏塔和主塔两部分的精馏设备。可用于分离3组分及以上的混合设备,相比常规精馏塔,可节约投资,降低能耗,减少占地面积。

04.175 分凝分馏塔 condensating fractionating column

由液体分配器连接上部换热段和下部填料段构成的、具有高效传热传质性能的冷凝分离设备。可代替一个换热器和一个分离罐,用于气体混合物的分离。

04.176 共沸塔 azeotrope column

用于分离共沸物的塔设备。

04.177 脱轻组分塔 light component removal column

利用物质的挥发度差异,脱除混合物中轻组分的设备。

04.178 脱重组分塔 de-heavy oil column

利用物质的挥发度差异,脱除混合物中重组分的设备。

04.179 抽提塔 extraction column
又称"萃取塔"。用于萃取操作的设备,一般指液液萃取的设备。特点是结构简单、便于安装和制造,可分为搅拌萃取塔、脉动萃取塔、喷淋萃取塔、填料萃取塔等。

04.180 凝液汽提塔 condensate stripper
通过蒸馏回收冷凝液的设备。常在乙烯生产中用于提取裂解气压缩机第4或第5段出口的凝液中的轻组分,提高乙烯、丙烯等收率。

04.181 闪蒸塔 flash column
又称"闪蒸器"。进行闪蒸操作的塔式设备。一般由加热器、闪蒸室和冷凝器三部分组成。

04.182 真空闪蒸塔 vacuum flash column
通过使塔内处于真空状态、实现沸点较高混合物粗分离的设备。主要由加热器、闪蒸罐、冷凝器、真空泵等构成。

04.183 吸附塔 adsorption column
将固体吸附剂装填于塔中,使进入塔内的气体或液体中某些组分被吸附剂的多孔结构所吸附,从而实现组分分离的设备。

04.184 再生塔 regeneration column
用于将所吸收或吸附的物质解析出来以恢复溶剂或吸附剂性能的设备。可分为填料塔和板式塔,广泛应用于天然气脱水、脱硫及脱碳等工艺。

04.185 模拟移动床 simulated moving bed
基于固液非均相扩散传质原理,通过周期性改变物料进出口位置,实现液固两相逆流接触的连续操作分离系统。

04.186 机械型洗涤塔 mechanical washing column
借助机械方式将水分散成细雾,使气体中的灰尘润湿而脱除的水力除尘器。

04.187 水力型洗涤塔 hydraulic washing column
通过在洗涤塔塔体内部均匀布置水力搅拌管道及喷嘴,将所有浆液覆盖区域进行有效的搅拌,使固体颗粒始终悬浮在浆液中,通过水力搅拌方式,将塔内所有浆液进行有效搅拌的设备。

04.188 水洗塔 water scrubber, water washing column
又称"洗涤塔"。用水来除去气体中无用的成分或固体尘粒。同时还有一定的冷却作用的塔式设备。

04.189 碱洗塔 caustic washing column
含有少量硫化物和二氧化碳等的工业气体与稀碱液逆流接触以除去硫化氢、二氧化碳等杂质的吸收塔。

04.190 酸洗塔 pickling column
利用气体与酸性液体间的逆流接触,将气体中的污染物传送到液体中,达到清洁气体目的的吸收塔。

04.191 尾气洗涤塔 tail gas washing column, exhaust gas scrubber
除去尾气中有害成分(如硫化物、氮氧化物等)或固体粉尘的洗涤塔。

04.192 脱硫塔 desulfurization column, desulfurizer
对气体进行脱硫处理的塔设备。根据脱硫方法的不同分为干式和湿式。干式脱硫塔属于填料塔,以固体脱硫剂(如氧化锌、氧化铁等)为填充物,主要用于精脱硫;湿式脱硫塔多为板式塔,通常采用醇胺溶液为脱硫剂,广泛应用于工业废气、天然气脱硫。

04.193 脱碳塔 decarbonizing column
用液体吸收剂脱除气体中所含二氧化碳的塔设备。

04.194 沉淀塔 sediment column, settling column
利用重力的差使流体(气体或液体)中的固

体颗粒下沉而与流体分离的塔式设备。该塔的分离效率很低,一般仅用于初步分离。

04.195 阻火塔 fire resistance column, flame arrest column
阻止可燃气火焰继续传播的安全装置。根据使用场合不同可分为放空型和管道型;根据阻火元件可分为填充型、板型、金属丝网型、液封型和波纹型等。

04.196 套管结晶器 jacketed crystallizer
利用套管式换热器进行冷却,以整个水平套管圆筒表面作为冷却面,实现物料结晶分离的设备。

04.197 降膜结晶器 falling film crystallizer
用于降膜结晶工艺的设备。流体从设备顶部经分布器分布后均匀流入膨胀管中,再由膨胀管经挡液板后均匀流入换热管,液体在管内壁呈膜状下降,在每根换热管内形成液膜,液膜自换热管内因温度的逐步降低,由上而下边流动边结晶,产生的晶体进行回收。

04.198 静态熔融结晶器 static melting crystallizer
用于静态熔融结晶工艺的设备。其结构类似于列管换热器。结晶过程中,通过逐步降低壳程换热介质的温度,使静置于管程中的熔融物料逐步降温并结晶,结晶结束后将未固化的低浓度残液排出,然后通过壳程介质缓慢提高管程中粗晶体的温度,使之"发汗"而得以进一步提纯。

04.199 刮壁结晶器 scraping-wall crystallizer
利用旋转刮刀叶片不断刮除结晶层的套管结晶器,适用于冷冻结晶过程。

04.200 沉降器 disengager, settler
利用重力的差使流体(气体或液体)中的固体颗粒沉降的设备。可分为间歇式、半连续式或连续式。

04.201 压滤机 pressure filter
利用压力使悬浮液中的液体经过滤布分离固体颗粒的设备。可分为板框式压滤机和箱式压滤机。

04.202 转筒真空过滤机 rotary vacuum filter
利用真空增大过滤介质两侧压差,使悬浮液经过水平转动的圆筒实现连续分离固体颗粒的设备。圆筒沿周向分隔成若干扇形格,每格都有单独的孔道通至分配头上。圆筒转动时,凭借分配头的作用使这些孔道依次分别与真空管和压缩空气管相通,在回转一周的过程中每个扇形格表面即可顺序进行过滤、洗涤、吸干、吹板、卸饼等项操作。

04.203 管式过滤器 tubular filter
由刚性多孔过滤介质构成的微米级过滤设备。

04.204 分离罐 knockout drum
实现气-液、液-固、气-固和液-液相分离的容器。包括油水分离罐、汽水分离罐、高压分离罐、低压分离罐、旋液分离罐等。

04.205 液滴分离器 entrainment separator
将液滴从气流中分离出来的设备。常见的为筛网式分离器、离心式分离器、折流板式分离器等。

04.206 粉末分离器 powder separator
将气固相物料或固相物料中的细小粉体分离出来的设备。

04.207 气体分离塔 gas separation tower
从多组分气体中分离出单组分气态和液态产品的深低温设备。通常用于分离空气、天然气、焦炉气、水煤气、合成氨弛放气和各种裂解气等。

04.208 分相器 phase separator, phase splitter
利用互溶度较小的各组分的密度差异,通过静置使液液两相自动连续分相,从而实现液液分离的设备。

04.209 离子交换处理器 ion exchange processor

实现待分离组分的水相离子与树脂(或分子筛)上可交换离子间进行交换反应过程的设备。按操作方式可分为间歇式、周期式和连续式。

04.210 分布器 distributor

安装在填料塔顶部或两层填料之间,使液体在塔横截面上或下层填料横截面上均匀分布,以保证高效操作的液体分布装置。

04.211 多管式气体分布器 multi-pipe gas distributor

由 1 个主管和若干带喷射管或喷射孔的支管组成,通过喷射使气体均匀分布的装置。

04.212 排管式分布器 calandria distributor

由主管和多列支管组成,管上开有小孔或支管,通过流体分流、喷洒实现均匀分布的装置。

04.213 多孔环管式气体分布器 porous ring tube type gas distributor

环管上开有多排小孔的管式分布器。可分为单环管分布器和多环管分布器。

04.214 环形分布器 annular-type distributor, circle distributor

换热介质通过环形分布器的侧壁开孔进入反应器壳程,实现流体在反应器壳程的均布的装置。

04.215 枝形流体分布器 arborescent distributor

利用枝形通道的导流作用,将流体分为若干支流,并从出口流出均匀分布的装置。

04.216 液体分配器 liquid distributor

将集中液流进行均匀分布的设备。

04.217 倾析器 decanter

根据沉降原理,使悬浮液中含有的固相粒子或乳浊液中含有的液相粒子下沉而得到澄清液的设备。可分为间歇式和连续式。

04.218 动态混合器 dynamic mixer

采用运动部件使物料混合的设备。

04.219 多层搅拌釜 multilayer agitator

通过多层桨叶,使流体物料在搅拌槽内按一定的流型流动,从而实现物料混合或均匀分散的设备。可用于高黏度流体的低速搅拌。

04.220 沸腾淤浆搅拌器 boiling slurry agitator

一种气液固三相混合的搅拌器。其中液固混合成淤浆,气体以鼓泡形式分散于淤浆中。

04.221 气体混合器 gas mixer

用于两种或多种气体混合的装置。

04.222 单管单孔逆流撞击流混合器 single tube single hole countercurrent impinging stream mixer

由喷嘴高速喷出的气体与通过多孔分布板的另一股气体逆向碰撞实现高效混合的气气混合装置。

04.223 环管撞击流混合器 annular impinging stream mixer

两种待混合物料分别进入两个喷射孔相对的环形气体分布器,使混合气体逆流射流对撞以实现高效混合的气气混合装置。

04.224 枝形撞击流混合器 arborescent impinging stream mixer

两种待混合物料分别进入两个喷射孔相对的枝形气体分布器,使混合气体逆流射流对撞以实现高效混合的气气混合装置。

04.225 撞击射流混合器 impinging jet mixer, impinging stream mixer

两股或更多股流体在约 50m/s 的高速下互相撞击实现流体混合的装置。

04.226 错流狭缝射流混合器 cross flow slot

[jet] mixer

气体从中心管道进入,在螺旋盘上部沿狭缝射出,通过错流卷吸周围气体进行混合的装置。

04.227 文丘里管气体混合器 Venturi tube gas mixer

混合器进口处的气流经过文丘里管后流速加快,在文丘里管出口后侧形成真空,致使另一股气流通过文丘里管壁上开的小孔被吸到文丘里管内从而实现两股气流混合的装置。

04.228 扩散孔板混合器 diffusion orifice mixer, diffusion plate mixer

在管式孔板混合器前加一个锥形帽,两种待混合的流体对冲锥形帽而后扩散形成剧烈紊流,实现快速混合的装置。

04.229 环隙错流混合器 annular cross flow mixer

利用错流狭缝射流卷吸原理,使主流气体经多孔分布板后,与狭缝喷嘴喷射出的另一种气体成垂直错流混合的装置。

04.230 喷射混合器 ejecting mixer

利用工作流体的高速流动卷吸次流流体实现高效混合的设备。

04.231 筛板混合器 sieve plate mixer

通过在管道内安装单个或多个串联的多孔板,使流体流经多孔板时流速加快,且经过流体的分割和合并实现混合的设备。

04.232 干燥器 direct fired dryer, dryer

通过加热或热空气对流等方法,使湿物料中的水分降至一定限度的设备。可分为厢式、带式等。

04.233 分子筛干燥器 molecular sieve dryer

内部充填分子筛干燥剂的气体干燥设备。

04.234 回转干燥器 rotary dryer

通过转动转鼓将物料在转鼓表面形成一层薄膜,利用加热介质将物料进行干燥的内加热传导型干燥设备。

04.235 气流干燥机 pneumatic dryer, flash dryer

将湿物料加入干燥器内,使之在气流中呈悬浮状态,热空气与湿物料直接接触而进行干燥的设备。可分为直观式、套管式、脉冲式、旋风式、旋流式等。

04.236 回转窑 rotary kiln

物料经倾斜而转动的长圆筒逐渐向下移动,同时与筒内热空气和热筒壁接触实现干燥的设备。

04.237 除尘设备 dedusting apparatus

用于分离由气体和粉尘微粒组成的多相混合物的设备。包括旋风除尘器、袋式除尘器、湿式除尘器和电除尘器等。

04.238 蒸汽吹灰器 steam sootblower

以高压蒸汽清除锅炉受热面上结焦积灰的设备。

04.239 多级旋风分离器 multi-cyclone separator

采用多个旋风分离器串联进行分离的设备。

04.240 喷射泵 jet pump, ejector

又称“射流泵”“喷射器”。利用高压工作流体的喷射作用来输送流体的泵。可分为蒸汽喷射泵和水喷射泵。

04.241 仓泵 bin pump

又称“仓式泵”。高压下(约700kPa以下)输送粉状物料的密相动压气力输送装置。包括:进出料阀、物料输送管道、空气输入管道和料仓等部分。

04.242 液环升压泵 liquid ring pump, liquid ring booster pump

通过叶轮旋转将机械能传递给工作液体(旋转液环),再通过液环把能量传递给气体使其压力升高,实现抽吸真空(做真空泵用)或压送气体(做压缩机用)的设备。

04.243 立式轴流泵 vertical axial flow pump
叶轮浸没在水下,通过旋转叶轮叶片对液体产生的作用力使液体沿轴向方向输送的设备。

04.244 管壳式预热器 shell and tube-type preheater
用于预热的管壳式换热器。

04.245 散热器 radiator
以冷热媒介进行冷却或加热空气的热交换设备。

04.246 双套管换热器 double-pipe heat exchanger
由两根直径不同的同心直管组成,其中流体走管内、工作介质走环隙的套管换热器。

04.247 高通量管换热器 high flux heat exchanger
通过粉末冶金方法在光管(沸腾侧)内表面或者外表面烧结一薄层多孔层,显著增强沸腾传热系数的换热器。

04.248 管式预热器 tubular preheater
用于预热的管式换热器。

04.249 水冷换热器 water cooled heat exchanger
又称"水冷器"。以水为冷却介质的换热设备。

04.250 热补偿器 thermal compensator
防止管道因温度升高导致热伸长产生的应力而遭到破坏的设备。主要有方形补偿器、波纹膨胀节和长箍式柔性管接头等几种。

04.251 急冷器 quencher
使冷却介质与高温物料接触,实现快速冷却的设备。

04.252 后冷器 after-cooler
将空压机出口的高温空气冷却到40℃以下,使大量水蒸气和变质油雾冷凝成液态水滴和油滴,以便清除的换热设备。

04.253 空冷塔 air chiller
用空气作为冷却剂除去热量,以降低水温的装置。

04.254 水冷塔 water cooling tower
用水作为循环冷却剂除去热量的装置。

04.255 冷冻水冷却器 chilled water cooler
以低温冷冻水为冷却介质的换热设备。

04.256 循环水冷却器 cycle water cooler
以水为冷却介质,并循环使用的一种热交换器。

04.257 冷箱 cold box
高效板式换热器和气液分离罐都放在填满绝热材料(珠光砂)的方形容器内,在 $-170 \sim -100$℃低温下操作的换热设备。

04.258 冷冻机 refrigerator
用来使需冷却物体的温度在一定时间内降低到低于周围环境温度的设备。根据冷冻机压缩方法不同,可分为蒸气压缩、蒸气喷射和吸收式3类。

04.259 燃油锅炉 oil fired boiler
使用燃料油的锅炉。燃料油包括重油、渣油、柴油等油料。

04.260 急冷锅炉 quench boiler
乙烯装置中的关键设备,用于急冷裂解炉出口的高温裂解气,以避免发生二次化学反应而导致烯烃收率下降及结焦,同时将裂解气中的高位能热量以高压蒸气的形式进行回收的设备。包括线性急冷锅炉、双套管急冷锅炉、快速急冷锅炉等。

04.261 螺杆[式]压缩机 screw compressor
利用螺杆与壳体之间啮合空间的容积变化来

提高气体压力并输送气体的设备。

04.262　离心[式]压缩机　centrifugal compressor

具有高速旋转叶轮,依靠旋转叶轮与气流间的相互作用力来提高气体压力,同时使气流产生加速度而获得动能的动力式压缩机。

04.263　往复[式]压缩机　reciprocating compressor

又称"活塞式压缩机"。通过气缸内活塞做往复运动来进行吸气、压缩、排气过程的压缩机。

04.264　甲烷膨胀机　methane expander, methane turbine expander

全称"甲烷透平膨胀压缩机"。利用有一定压力的甲烷气体在膨胀机内进行绝热膨胀对外做功而消耗甲烷气体本身的内能,从而使甲烷气体自身强烈地冷却,达到制冷目的的设备。

04.265　混合冷剂压缩机　mixed refrigerant compressor

将多个单组分冷剂按照一定比例进行混合后送入一台制冷压缩机中作为制冷剂循环的设备。其中三元制冷在乙烯装置应用较为典型,即将甲烷、乙烯和丙烯三种冷剂按一定比例混合,由一台带有段间冷却的离心压缩机使得上述冷剂在同一个系统内循环,提供装置全部制冷级别所需的冷量。

04.266　贮罐　tank

用于储存气体、液体或固体的容器。通常按几何形状分为五大类,即立式圆筒形储罐、卧式圆筒形储罐、球形储罐、双曲线储罐(滴形储罐)和悬链式储罐。

04.267　晶浆罐　crystal magma tank, crystal slurry tank

用来存放结晶析出的晶体和母液混合物的容器。

04.268　熔融罐　melting pot

将盛装在其中的常温固体物质升温至一定温度后熔化的换热容器。

04.269　回流罐　reflux tank, reflux drum

在精馏过程中,使塔顶蒸气冷凝得到的部分液体再回精馏塔内补充易挥发组分,使精馏操作连续进行的设备。

04.270　分液罐　liquid separator, knockout drum

用于移除火炬排放气中的液体、固体,减少火炬气中的凝液量,以免液滴被夹带到火炬头造成下火雨,保证火炬系统安全运行的设备。

04.271　闪蒸罐　flash tank, flash drum

通过减压,使相对挥发度较大的两种或多种液相混合物迅速沸腾气化,形成气液两相,从而实现分离的设备。

04.272　配料槽　measuring tank

用于多种物料按一定比例混合的储槽。

04.273　氮封罐　nitrogen-sealed tank

利用氮气在封闭的气体空间形成微弱的正压,使储存介质与外界隔绝的储罐。

04.274　水浴式气化器　water-bath vaporizer

通过热水与低温液体进行热交换,使低温液体气化成气态的换热设备。

04.275　盘式气化器　coil vaporizer

热媒介与低温液体通过螺旋管道进行热交换,使低温液体气化的换热设备。

04.276　液化器　liquefier

利用热力学原理不断地从气体中取出热量,使气体的温度逐渐降低至冷凝温度,从而使气体变为液体的设备。

04.277　浮升器　aerostat

将液体中的不溶物进行气浮分离的设备。主要由絮凝室和分离室构成。

04.278 燃烧装置 combustion device

对各种燃料进行可控燃烧,为工业炉供热的设备。包括煤气或天然气燃烧器、油燃烧器和煤(或焦炭)燃烧器。

04.279 生活给水系统 life water supply system, domestic water supply system

用于生产辅助设施内的生活用水、化验室用水、生产单元的安全淋浴洗眼器用水等的给水系统。

04.280 生产给水系统 production water supply system

在装置内用于地面冲洗、设备内体的清洗、碳钢管线和设备的水压试验、循环冷却水的补充水等的给水系统。

04.281 冷却水系统 cooling water system

为装置内换热器、冷凝器、冷却器、机泵等提供冷却用水的系统。一般分为直流式、循环式和混合式3种。

04.282 控制系统 control system

不需要人的直接参与而控制某些物理量按照指定的规律变化的系统。

04.283 集散型控制系统 distributed control system, DCS

利用计算机技术对生产过程进行分散控制、集中监控、操作、管理的系统。

04.284 现场总线控制系统 fieldbus control system, FCS

由现场总线和现场设备组成,采用现场通信网络把通信延伸到生产现场及设备,直接在现场总线上组成控制回路的系统。

04.285 原料产品计量系统 [raw material and products] metering system

利用不同计量器具、方法和手段,对原料、产品等数量进行单位统一、量值准确的测量系统。

04.286 压力监测系统 pressure monitoring system

用以观察压力,以确认系统正确运行以及检出不正确的运行的系统。包括采样技术、测试技术和数据处理技术。

04.287 液位监测系统 liquid level monitoring system

用以观察液位,以确认系统正确运行以及检出不正确的运行的系统。

04.288 侧线分离器 lateral line separator

从精馏(蒸馏)塔的中间部分抽出馏分的分离设备。

04.289 约翰逊网 Johnson screen

又称"条缝筛网"。由异形金属条和不同形状的支持杆组成,用于支撑和阻挡固体床层的工业用筛网。可制成平板型、圆筒形及扇形等形状。

04.290 收集器 collector

生产过程中用于富集气体、液体或固体颗粒的容器。

04.291 激冷环 quench ring

在气化炉激冷系统中,用于均匀分布激冷水的液体分布器。

04.292 飞灰取样器 fly ash sampler

从锅炉烟道中采取飞灰样品的设备。

04.293 篦子板 grid plate

水泥磨、球磨机等磨机中用于分割研磨体、防止大颗粒物料窜向出料端的隔仓板。

04.294 喷嘴 nozzle

使液体雾化,形成直径很小的液雾以增加液体与周围介质的接触面积,实现快速蒸发、掺混和燃烧的设备。

04.295 烧嘴 burner

将燃料与助燃剂(或原料与气化剂)进行分配并高速喷出,以实现快速混合、反应的设备。

04.296 陶瓷滤芯 ceramic filter
用陶瓷材质制成的多孔过滤元件。

04.297 烧结金属滤芯 sintered metal filter
用金属粉末在高温下烧结而制成的多孔过滤元件。

04.298 集液槽 collecting tank
收集液体的容器。

04.299 扩散管 diffuser
根据流体在流经扩大的流道时速度下降、静压能升高的原理,将流体动能转化为压能的设备。

04.300 烧嘴板 burner block
在乙炔反应炉中,为防止火焰回窜到扩散器或保证火焰的稳定、减少气体在炉内回火的设备。

04.301 微滤陶瓷膜 ceramic microfiltration membrane
孔径为 0.02～10 μm、具有筛分过滤作用的多孔无机陶瓷连续介质。

04.302 当量反应器体积 equivalent reactor volume
在一个非等温等压反应器中,当原料进料流率不变时,假设反应在参考温度和参考压力下进行时获得的与真实非等温等压反应相同转化率的反应器体积。

04.303 当量反应器长度 equivalent reactor length
当量反应器体积与管式反应器截面积之比值。

04.304 消防水系统 fire water system
用于装置内设置的室内消火栓、室外消火栓、水幕(裂解炉区与裂解气预分馏区之间)、罐区水喷淋消防设施等的给水系统。

04.02 石油化工

04.305 烯烃生产技术 olefin production technology
以烃类、甲醇等为原料生产低碳烯烃的工艺技术的总称。包括烃类热裂解、甲醇制烯烃、催化裂解和丙烷脱氢等工艺技术。

04.306 深度催化裂解工艺 deep catalytic cracking process
简称"DCC 工艺(DCC process)"。以重质油为原料,在催化剂存在的条件下,经高温裂解生产乙烯、丙烯和丁烯等低碳烯烃的工艺。

04.307 热裂解工艺 thermo-cracking process, thermal cracking process
以乙烷、丙烷、丁烷、石脑油、煤油、柴油和加氢尾油等石油馏分为原料,在高温条件下,经碳碳键断裂、脱氢、异构化等反应生产乙烯、丙烯及丁二烯,同时副产氢气和裂解汽油(含有碳五二烯烃、苯、甲苯和二甲苯)等的工艺。

04.308 蓄热炉裂解工艺 regenerative cracking process
以热容量大的耐火材料为热载体,在空气和燃料油烧焦时升温蓄热、在裂解原料裂解反应时降温,蓄热和裂解交替进行的间歇式操作工艺。

04.309 管式炉裂解工艺 tubular furnace cracking process, tube furnace cracking process
以管式裂解炉为核心,烃类裂解原料在炉管内受到炉管外高温辐射发生裂解反应生成低碳烯烃的过程。管式炉裂解工艺过程包括对流段(原料预热和热量回收)、辐射段(裂解反应发生)、高温裂解气急冷(裂解反应终止)等 3 个主要部分。

04.310 蒸汽热裂解工艺 steam cracking process
利用水蒸气热容大的特点,将水蒸气作为稀

释剂进入高温裂解反应体系,以达到降低烃分压同时减小裂解原料温度波动的热裂解工艺。

04.311　油吸收分离技术　oil absorption and separation technology
利用溶剂油对各组分的不同吸收能力,将待分离气体中除氢气和甲烷以外的其他烃全部吸收,然后用精馏法将各种烃逐个分离的技术。在乙烯生产中,该技术可用于裂解气的分离、回收干气中的乙烯等。典型的回收乙烯的工艺包括中冷油吸收工艺和浅冷油吸收工艺等。

04.312　结焦抑制技术　coke inhibition technology
通过在裂解原料中加入某种添加剂或者对裂解炉管进行处理,抑制裂解反应中焦炭的生成,降低结焦速率,提高乙烯生产效率的一系列技术。目前主要有异形炉管构件技术、炉管内壁涂覆技术和结焦抑制剂技术等3类技术。

04.313　乙醇脱水制乙烯工艺　ethanol dehydration to ethylene process
以乙醇为原料,在催化剂、常压及 350 ~ 450℃的条件下,脱水生成乙烯的工艺。

04.314　二级急冷工艺　two-stage quench process
裂解炉在裂解气急冷并回收高位热能时采用两段急冷锅炉的工艺。

04.315　裂解炉　cracking furnace
用于烃类分子裂解生成低碳烯烃的反应器。是热裂解工艺的核心设备,通常由对流段、辐射段和急冷锅炉等三个主要部分组成。

04.316　管式裂解炉　tubular cracking furnace
在炉膛中设置一定排列形式的金属管,管内通以烃类裂解原料,管外燃料主要经辐射传热的方式通过管壁加热,使管内的反应物料发生裂解反应的裂解炉。

04.317　大容量炉管裂解炉　large capacity tube cracking furnace
辐射段采用大容量炉管的裂解炉。

04.318　高选择性炉管裂解炉　high selective tube cracking furnace
辐射段采用高乙烯选择性炉管的裂解炉。其主要特点是裂解温度高,烃分压低,裂解选择性高。通常其炉管长度为 15 ~ 25m,不超过 2 程,停留时间在 0.15 ~ 0.25s 之间。

04.319　SRT 型裂解炉　SRT cracking furnace
由美国鲁姆斯(Lummus)公司开发的以短停留时间为特征的一系列裂解炉总称。从 1953 年开始,开发出了 SRT-I 至 SRT-VI 型裂解炉,采用过 8-4-1-1 型、4-2-1-1 型、8-1 型、4-1 型等炉管构型,此类裂解炉具有停留时间短、热强度高,烃分压低的特点。

04.320　USC 型裂解炉　ultra-selective cracking furnace,USC cracking furnace
由美国斯通-韦伯斯特(Stone & Webster)公司开发的一系列高选择性裂解炉的总称。其辐射段炉管构型为 M 型、W 型或 U 型。

04.321　Pyrocrack 裂解炉　Pyrocrack cracking furnace, LSCC furnace
由德国林德(Linde)公司开发的一系列裂解炉的总称。其辐射段炉管构型主要有 Pyrocrack4-2 型、Pyrocrack2-2 型和 Pyrocrack1-1 型,分别采用 2-2-2-2-1-1 型炉管、2-2-1-1 型炉管和 2-1 型炉管。

04.322　毫秒裂解炉　millisecond cracking furnace
凯洛格·布朗·路特(Kellogg Brown & Root, KBR)公司开发的停留时间为毫秒级的单程管式裂解炉。具有停留时间短,裂解温度高,裂解选择性好的特点。

04.323　LRT 型裂解炉　LRT cracking furnace

由埃克森(Exxon)公司设计开发的一系列裂解炉的总称。其采用 U 型裂解炉管或带弯曲的单程炉管,停留时间在 0.1～0.5s 之间,裂解温度高,选择性较高。

04.324 GK 型裂解炉 GK cracking furnace
由荷兰国际动力学技术(KTI)公司开发的一系列裂解炉的总称。其采用 2-2-1-1 型、4-4-2-1 型、1-1-1-1 型、2-1 型以及 1-1 型等炉管构型。

04.325 CBL 型裂解炉 CBL cracking furnace
又称"北方炉"。由中国石油化工集团公司设计开发的一类裂解炉(C 代表中国 CHINA,B 代表北方,L 代表炉)。适应从乙烷至加氢尾油等各种轻重原料。对于气体原料,一般采用四程炉管(2-1-1-1),其停留时间在 0.4～0.8s 之间;对于液体原料一般采用高选择性两程炉管(2-1 型、改进 2-1 型及 4-1 型等)。该裂解炉具有原料适应性强,裂解炉操作灵活,裂解选择性高,乙烯能耗低等技术特点。

04.326 水平管箱式炉 horizontal tube cracking furnace
炉管贴壁或在炉中央水平排列,并采用支架在炉膛中支撑的裂解炉。

04.327 立管式裂解炉 vertical tube cracking furnace
炉管垂悬于辐射段炉膛中央,两侧排布燃烧器的裂解炉。

04.328 双[辐射段]炉膛 twin cell, double cell
两个辐射段共用一个对流段的加热炉。

04.329 辐射炉管 radiant coil
设置在以辐射传热为主的炉膛中,裂解原料在其内部通过发生裂解反应的炉管。

04.330 单程炉管 one-path coil, single path coil

裂解原料的流向不发生改变的裂解炉辐射段炉管。

04.331 双程炉管 two-paths coil
裂解原料的流向仅发生一次改变的裂解炉辐射段炉管。

04.332 多程炉管 multiple paths coil
裂解原料的流向多次改变的裂解炉辐射段炉管。包括双程炉管、四程炉管、六程炉管等,通常较轻的原料采用程数较多的炉管,较重的原料采用程数较少的炉管。

04.333 扭曲片炉管 twisted tube
管内采用扭曲片,迫使流体旋转,进行强化传热的精密整铸管。

04.334 汽油汽提塔 gasoline stripping column
乙烯生产中,用于处理裂解气压缩机二段吸入罐底的凝液,回收汽油组分的设备。

04.335 汽油分馏塔 gasoline fractionator
乙烯装置中回收裂解气热量及重组分的设备。有浮阀塔、筛板塔和填料塔 3 种形式,使用的冷却介质是急冷油、中油、粗汽油。

04.336 减黏塔 viscosity reducing tower
乙烯装置中用于连续脱除循环急冷油中的较重组分,使其黏度降低,从而提高汽油分馏塔塔釜温度的设备。

04.337 轻烃脱氢技术 light paraffin dehydrogenation technology
以低碳烷烃为原料,通过催化脱氢、氧化脱氢、催化氧化脱氢等工艺制取低碳烯烃的生产技术的总称。

04.338 前加氢工艺 front-end hydrogenation process
裂解气在进入脱甲烷塔之前,即氢气尚未与需要加氢脱除的炔烃分离时,进行加氢脱炔烃的过程。

04.339 深冷脱甲烷工艺 cryogenic de-methanization process

通过深冷,使裂解气原料中除甲烷、氢气外的各组分全部液化,将不凝气体如(甲烷、氢气等)脱除的过程。

04.340 前脱乙烷工艺 front-end de-ethanization process

在裂解气分离过程中,先经脱乙烷塔将碳二及以下的馏分和碳三及以上的馏分分开,塔顶碳二及以下等轻组分送入脱甲烷塔分离出氢和甲烷后,碳二组分送乙烯精馏塔进行分离;塔釜碳三及以上馏分依次经脱丙烷塔、脱丁烷塔进一步分馏的工艺。

04.341 前脱丙烷工艺 front-end de-propanization process

在裂解气分离过程中,先经脱丙烷塔将碳三及以下馏分和碳四及以上馏分分开,塔顶碳三及以下馏分依次经脱甲烷、脱乙烷等进行分离;塔釜碳四及以上馏分直接送脱丁烷塔的工艺。

04.342 前脱丙烷前加氢工艺 front-end de-propanization and hydrogenation process

在前脱丙烷工艺中,裂解气经脱丙烷塔分离获得的碳二及以下组分先进行加氢脱炔烃,再进入脱甲烷塔的工艺。

04.343 双塔脱丙烷工艺 dual tower de-propanization process

同时采用高压和低压双塔脱丙烷工艺,利用进脱丙烷塔的脱乙烷塔釜液和凝液汽提塔釜液在组分上的差异而分别进行处理,实现裂解气分离的过程。

04.344 后脱乙烷工艺 back-end de-ethanization process

裂解气经脱甲烷塔脱除氢、甲烷等轻组分后,塔釜所得碳二及碳二以上的馏分送入脱乙烷塔,塔顶切割出碳二馏分,进一步分离出乙烯产品,塔釜获得碳三和碳三以上的馏分的工艺。

04.345 碳五烷烃循环异构化工艺 C₅ alkane cyclic isomerization process

以碳五正构烷烃为原料,将异构化过程和吸附分离过程相结合,使未反应的碳五正构烷烃与氢气一起循环进入反应器进一步进行异构化反应的异构烷烃生产工艺。

04.346 后脱丙烷工艺 back-end de-propanization process

裂解气经脱乙烷分离后,塔釜碳三和碳三以上馏分送入脱丙烷塔,由塔顶分离出碳三馏分,进一步分离出丙烯产品,塔釜获得碳四和碳四以上的馏分的工艺。

04.347 全馏分加氢工艺 full range [pyrolysis gasoline selective] hydrogenation process

以来自蒸气裂解装置水急冷塔、裂解气压缩机和脱乙烷塔的裂解汽油为原料,经一段选择性加氢、二段加氢精制处理的工艺,其加氢产品用于萃取精馏以回收其中的苯、甲苯和二甲苯。

04.348 脱甲烷工艺 demethanization process

脱除裂解气中甲烷和氢气的分离过程。根据脱甲烷塔压力的高低,可分为高压脱甲烷、中压脱甲烷和低压脱甲烷。

04.349 乙炔后加氢工艺 back-end acetylene hydrogenation process

在乙烯精馏前,使乙炔经催化加氢进行脱除的工艺。

04.350 丙炔和丙二烯后加氢工艺 back-end propyne and propadiene hydrogenation process

在丙烯精馏前,使丙炔和丙二烯催化加氢进行脱除的工艺。

04.351 催化精馏加氢工艺 catalytic distillation hydrogenation process

将催化加氢与精馏分离两个工艺耦合于一个

塔内的工艺过程。

04.352 双段床加氢工艺 two stages hydrogenation process

采用串联的两个催化剂床层，段间可进行冷却或原料气冷激，以降低第二个床层入口温度，提高加氢选择性和安全性的加氢工艺。

04.353 单段床加氢工艺 single stage hydrogenation process

反应器中只有一个催化剂床层的加氢工艺。

04.354 脱乙炔工艺 de-acetylene process

乙烯装置中，将碳二馏分中乙炔脱除至要求指标，获得聚合级乙烯产品的工艺。主要方法有溶剂吸收法和催化选择加氢法。

04.355 急冷系统 quench system

通过采用各种急冷介质与高温裂解气进行直接或间接换热，使裂解气温度迅速降低的系统。通常包括急冷锅炉、急冷油塔、急冷水塔以及稀释蒸气发生器等主要设备及相应的换热过程。

04.356 二元制冷 binary refrigeration

将乙烯装置中传统的单组分冷剂甲烷、乙烯和丙烯中的两种组分按一定比例混合在一台制冷压缩机中压缩，同时提供不同冷级范围冷剂的工艺。目前常用的为甲烷-乙烯二元冷剂，在低压脱甲烷的流程中可代替乙烯和甲烷两台制冷压缩机组，提供 -62℃ 到 -142℃ 级的冷量。

04.357 三元制冷 ternary refrigeration

将甲烷、乙烯、丙烯三种冷剂按一定比例混合在一台制冷压缩机中压缩，替代原用三台制冷压缩机，同时提供不同级别冷剂的工艺。

04.358 重油催化热裂解工艺 heavy oil catalytic pyrolysis process

又称"重油催化裂化工艺""CPP 工艺(CPP process)"。以蜡油、蜡油掺渣油或常压渣油等重油为原料，采用分子筛催化剂和提升管连续反应-再生循环系统，较传统流化催化裂化(FCC)工艺多产乙烯和丙烯的工艺。

04.359 重油直接接触裂解工艺 heavy oil contact cracking process

简称"HCC 工艺(HCC process)"。以重油为原料，采用分子筛催化剂和提升管或下行式反应器的反应-再生循环系统，经直接裂解较传统 FCC 工艺多产乙烯并兼产丙烯、丁烯和轻芳烃的催化裂解工艺。

04.360 裂解特性 pyrolysis property

原料裂解生成某种产品的内在特性。烃类分子中不同类别的分子在裂解反应中具有不同的特点。根据烃类原料分子结构的差异，不同原料的裂解特性如下：①正构烷烃最利于乙烯的生成，异构烷烃则较差，但随着分子量的增大，这种差别缩小；②烯烃中大分子烯烃易裂解为乙烯、丙烯；烯烃脱氢生成炔烃、二烯烃进而生成芳烃；③环烷烃有利于生成芳烃，含环烷烃多的原料比正构烷烃所生成的丁二烯、芳烃收率高，而乙烯收率较低；④无侧链的芳烃不易裂解为烯烃；有烷基侧链的芳烃，主要是烷基发生断链和脱氢反应，芳环保持不开环，能脱氢缩合为稠环芳烃，进而有结焦的倾向。

04.361 裂解参数 pyrolysis parameter

用于评价裂解原料特性的参数。一般包括原料的化学组成，石油馏分的物性(馏程、密度、平均分子量、特性因数、芳烃指数、折射率等)，含氢量和杂质含量等。

04.362 水烃比 water-hydrocarbon ratio

又称"稀释比"。烃类裂解时，作为稀释剂的水蒸气与烃类裂解原料之间的比例。一般用质量比表示。

04.363 横跨温度 cross-over temperature

裂解工艺中，裂解原料在辐射段炉管进口所达到的温度。一般横跨温度接近原料的起始裂解温度。

04.364　裂解深度 cracking severity

表征裂解反应进行程度的参数。裂解深度愈高,表示转化率愈高,气相产物量愈大,残余液相产物中氢含量愈低。

04.365　动力学裂解深度 kinetic cracking severity, kinetic severity function, KSF

全称"动力学裂解深度函数"。综合考虑原料的裂解反应动力学性质、温度与停留时间的关系,反映原料烃分子参加裂解反应进行程度的参数。

04.366　单炉生产能力 single furnace capacity

一台裂解炉每年生产的乙烯量。

04.367　烯烃复分解技术 olefin metathesis technology, OMT

在催化剂的作用下,利用烯烃间的可逆反应特性,使烯烃中的碳碳双键断裂、重新组合,将烯烃化合物转化成新的烯烃化合物的技术。目前工业上应用较多的是乙烯与正丁烯易位转化制丙烯的工艺。

04.368　丙烷脱氢制丙烯工艺 propane dehydrogenation to propylene process

以丙烷为原料,在高温、低压的条件下,经催化脱氢反应制取丙烯的工艺。

04.369　丁二烯抽提工艺 butadiene extraction process

以裂解碳四为原料,采用萃取剂从中抽提丁二烯的工艺。

04.370　碳四馏分选择加氢工艺 C_4 fraction selective hydrogenation process

在催化剂的作用下,通过选择性加氢除去碳四馏分中的炔烃、二烯烃的工艺。主要包括:从裂解碳四馏分中脱除炔烃生产1,3-丁二烯;从碳四馏分中脱除炔烃和二烯烃生产1-丁烯;从碳四馏分中脱除二烯烃和炔烃生产烷基化原料,碳四馏分全加氢等。

04.371　丁烯氧化脱氢工艺 butene catalytic

oxidative dehydrogenation process

以丁烯为原料,在氧气和催化剂的作用及水蒸气存在的条件下,脱除氢原子生成丁二烯和水的工艺。

04.372　丁烯催化脱氢工艺 butene catalytic dehydrogenation process

以正丁烯为原料,在催化剂的作用及稀释气存在的条件下,脱除两个氢原子生成丁二烯的工艺。

04.373　丁烷催化脱氢工艺 butane catalytic dehydrogenation process

以丁烷为原料在催化剂作用下脱氢生成丁烯,或进一步脱氢生成丁二烯的工艺。

04.374　异丁烷脱氢制异丁烯工艺 isobutane dehydrogenation to isobutene process

以异丁烷为原料,在高温低压条件下,经催化脱氢生产异丁烯的工艺。是碳四烃类资源综合利用的重要途径。

04.375　无机膜催化脱氢工艺 inorganic membrane catalytic dehydrogenation process

以丙烷为原料,利用膜反应技术,使脱氢反应生成的氢气通过膜渗透离开反应区,抑制加氢逆反应,使平衡向产物方向移动,提高反应转化率制取丙烯的工艺。

04.376　炔烃加氢反应器 alkyne hydrogenation reactor

采用催化加氢的方法,脱除裂解气或碳二、碳三馏分中少量炔烃的反应器。

04.377　芳烃联合装置 aromatics complex

以石脑油为原料,通过石脑油预加氢、催化重整、芳烃抽提、歧化与烷基转移、二甲苯分馏、二甲苯异构化、吸附分离等工艺过程,生产苯、甲苯和二甲苯等产品的联合装置。

04.378　芳烃抽提工艺 aromatics extraction process

以重整生成油、加氢裂解汽油等为原料,通过溶剂萃取或萃取精馏将芳烃与非芳烃进行有效分离,获得高纯度芳烃和非芳烃产品的过程。按抽提方法可分为液液抽提工艺和抽提蒸馏工艺。

04.379 芳烃液液抽提工艺 aromatics liquid-liquid extraction process

以环丁砜或二甘醇、三甘醇等为溶剂,对重整生成油、加氢裂解汽油等中的芳烃和非芳烃进行萃取分离的过程。

04.380 芳烃抽提蒸馏工艺 aromatics extraction and distillation process

通过萃取精馏技术,将重整生成油、加氢裂解汽油等中的芳烃组分进行分离的过程。

04.381 甲苯歧化工艺 toluene disproportionation process

在催化剂作用下,经歧化反应将甲苯转化为苯和二甲苯的工艺。

04.382 选择性甲苯歧化工艺 selective toluene disproportionation process

又称"甲苯择形歧化工艺"。通过分子筛催化剂的孔道择形效应,高选择性生产对二甲苯的甲苯歧化工艺。

04.383 烷基转移工艺 transalkylation process

在催化剂作用下,两个不同芳烃分子之间发生烷基转移的过程。工业上最重要的工艺是将甲苯、碳九芳烃及碳十芳烃转化为苯和混合二甲苯的工艺。

04.384 二甲苯异构化工艺 xylene isomerization process

又称"碳八芳烃异构化工艺"。将碳八芳烃混合物转化为对二甲苯、间二甲苯和邻二甲苯的热力学平衡混合物的工艺过程。根据乙苯转化途径的不同可分为乙苯转化型工艺和乙苯脱烷基型工艺。

04.385 乙苯转化型二甲苯异构化工艺 eth-ylbenzene isomerization type xylene isomerization process

又称"乙苯异构型二甲苯异构化工艺"。将乙苯异构化为二甲苯的二甲苯异构化工艺。

04.386 乙苯脱乙基型二甲苯异构化工艺 ethylbenzene dealkylation and xylene isomerization process

将乙苯脱乙基转化为苯的二甲苯异构化工艺。

04.387 对二甲苯分离工艺 p-xylene separation process

从混合碳八芳烃中分离对二甲苯的过程。包括模拟移动床吸附分离工艺和结晶分离工艺。

04.388 模拟移动床吸附分离工艺 simulated moving-bed adsorptive separation process

采用选择性吸附剂和模拟移动床工艺,从混合碳八芳烃中连续分离对二甲苯的过程。

04.389 对二甲苯熔融结晶分离工艺 melt crystallization process for p-xylene separation

利用碳八芳烃中各组分的熔点差异,通过熔融结晶技术分离精制对二甲苯的过程。

04.390 重芳烃轻质化工艺 heavy aromatics lightening process

重芳烃经加氢脱烷基反应脱去碳二以上烷基,或经稠环芳烃开环反应,生成苯、甲苯、二甲苯和低碳烷烃的过程。

04.391 重芳烃烷基转移工艺 heavy aromatics transalkylation process

将甲苯歧化与烷基转移过程,或重芳烃烷基转移与脱烷基过程相结合实现重芳烃轻质化的工艺。

04.392 甲苯甲醇烷基化工艺 alkylation process of toluene with methanol

以甲苯和甲醇为原料,在催化剂作用下发生苯环烷基化反应生产二甲苯的过程。

04.393 轻烃芳构化工艺 light hydrocarbon aromatization process

以碳二至碳七轻烃为原料,通过叠合、芳构化等反应生产苯、甲苯及二甲苯等芳烃或高辛烷值汽油组分的过程。

04.394 轻循环油制芳烃工艺 light cycle oil to aromatics process

又称"LCO 制芳烃工艺(LCO to aromatics process)"。以催化裂化轻循环油(LCO)为原料,经加氢处理、选择性加氢裂化等过程将 LCO 中的双环芳烃转化为苯、甲苯和二甲苯等芳烃产品的工艺。

04.395 气相烷基化制乙苯工艺 gas-phase alkylation process to ethylbenzene

以苯和乙烯或乙醇为原料,在催化剂作用下,在气相状态进行烷基化反应生产乙苯的工艺。按原料不同可分为纯乙烯气相烷基化、稀乙烯或干气气相烷基化、乙醇气相烷基化等工艺。

04.396 液相烷基化制乙苯工艺 liquid-phase alkylation process to ethylbenzene

以苯和乙烯为原料,在催化剂作用下,在液相状态进行烷基化反应制取乙苯的工艺。

04.397 催化蒸馏制乙苯工艺 catalytic distillation process for the production of ethylbenzene

以苯和乙烯为原料,将苯与乙烯的液相烷基化反应过程和苯与乙苯的蒸馏分离过程耦合在同一个设备中生产乙苯的工艺。

04.398 乙苯脱氢制苯乙烯工艺 ethylbenzene dehydrogenation to styrene process

以乙苯为原料,在催化剂作用下经脱氢反应制取苯乙烯的工艺。

04.399 乙苯负压脱氢工艺 ethylbenzene vacuum dehydrogenation process

在负压操作条件下进行的乙苯脱氢反应的工艺。

04.400 乙苯负压绝热脱氢工艺 ethylbenzene adiabatic vacuum dehydrogenation process

在负压操作条件下,采用绝热型反应器进行乙苯脱氢反应的工艺。

04.401 乙苯脱氢选择性氧化工艺 ethylbenzene dehydrogenation and selective oxidation process

以乙苯为原料,经脱氢反应生成苯乙烯和氢气,同时通过选择氧化催化将氢气转化成水蒸气,使反应平衡向有利于生成苯乙烯方向移动,并为脱氢反应提供所需热量的工艺。

04.402 乙苯氧化脱氢工艺 ethylbenzene oxidative dehydrogenation process

以乙苯为原料,在氧化剂如氧气存在下,经脱氢反应,制取苯乙烯的工艺。

04.403 三联换热器 triple heat exchanger

苯乙烯装置中脱氢单元关键设备之一。由进料/出料换热器、高压蒸气发生器和乙苯汽化器 3 个换热器串联,通过焊接连接而成的换热设备。

04.404 多乙苯烷基转移工艺 polyethylbenzenes transalkylation process

以苯和烷基化副产的多乙苯为原料,经烷基转移反应增加乙苯收率的工艺。可分为气相法和液相法。

04.405 裂解汽油苯乙烯抽提蒸馏工艺 extractive distillation process for styrene recovery from pyrolysis gasoline

从裂解汽油的碳八馏分中通过抽提蒸馏直接分离回收苯乙烯的工艺。

04.406 甲苯侧链烷基化工艺 toluene side-chain alkylation process

利用甲醇和甲苯为原料,通过酸碱协同催化反应,在甲苯的甲基侧链上发生烷基化反应生成乙苯和苯乙烯的工艺过程。

04.407 丙烯氨氧化制丙烯腈工艺 propylene ammoxidation to acrylonitrile process

以丙烯、氨和空气为原料,在催化剂的作用下经氨氧化反应直接合成丙烯腈的工艺。

04.408 乙腈复合萃取技术 acetonitrile composite extraction technology

丙烯腈生产工艺中,采用普通精馏与萃取精馏相结合用于分离丙烯腈与乙腈的技术。

04.409 丙烯腈负压脱氰工艺 acrylonitrile negative-pressure removing hydrogen cyanide process

丙烯腈生产过程中,在负压条件下分离副产物氢氰酸的工艺。

04.410 硫铵回收工艺 ammonium sulfate recycling process

丙烯腈生产过程中产生的粗硫酸铵经过蒸发、结晶和分离得到成品硫酸铵的工艺。

04.411 无硫铵丙烯腈生产工艺 non-ammonium sulfate to acrylonitrile process

丙烯腈生产过程中以其他无机酸代替硫酸中和未反应的氨,从而不生成硫酸铵的工艺。

04.412 丙烷氨氧化制丙烯腈工艺 propane ammoxidation to acrylonitrile process

以丙烷、氨和空气为原料,在催化剂的作用下通过氨氧化反应直接合成丙烯腈的工艺。

04.413 乙烯氧化制环氧乙烷工艺 ethylene oxidation to ethylene oxide process

以乙烯和氧气为原料,在催化剂作用下,在固定床反应器内发生环氧化反应,生产环氧乙烷的工艺。

04.414 环氧乙烷催化水合制乙二醇工艺 ethylene oxide catalytic hydration to ethylene glycol process

在催化剂作用下,环氧乙烷和水发生水合反应制取乙二醇的技术。相比于非催化水合反应,反应进料中水与环氧乙烷的摩尔比大幅降低。

04.415 碳酸乙烯酯法制乙二醇工艺 vinyl carbonate to ethylene glycol process

在催化剂作用下,环氧乙烷先与二氧化碳反应生成碳酸乙烯酯,再经水解或醇解制取乙二醇的工艺。

04.416 液相催化烷基化制异丙苯工艺 liquid phase catalytic alkylation to cumene process

以丙烯和苯为原料,在液相状态下,经催化烷基化反应制取异丙苯的工艺。

04.417 催化蒸馏制异丙苯工艺 catalytic distillation to cumene process

以丙烯和苯为原料,将丙烯和苯的液相烷基化反应过程和异丙苯与苯的蒸馏分离过程耦合在同一个设备中生产异丙苯的工艺。

04.418 异丙苯制苯酚工艺 cumene to phenol process

以异丙苯为原料,经空气氧化生成过氧化异丙苯,再经催化分解制取苯酚和丙酮的工艺。

04.419 Spam 苯酚生产工艺 Spam phenol process

以正丁烯和苯为原料,经烷基化反应生成仲丁基苯,再经氧化合成过氧化仲丁基苯,催化分解制取苯酚和甲乙酮的工艺。

04.420 乙烯联合平衡法制氯乙烯工艺 ethylene-based integrated balanced process to vinyl chloride process

以乙烯、氯气、氧气为原料,经乙烯直接氯化、氧氯化和二氯乙烷热裂解反应制取氯乙烯的工艺。

04.421 乙烯一步法制氯乙烯工艺 ethylene

direct conversion to vinyl chloride process

以乙烯、氯气(或氯化氢、氧)为原料,经一步反应,生产氯乙烯的工艺。

04.422 乙烷直接氧氯化制氯乙烯工艺 ethane direct oxychlorination to vinyl chloride process

以乙烷、氯化氢和氧气为原料,经乙烷直接氧氯化制取氯乙烯同时副产氯乙烷和二氯乙烷的工艺。特点为可显著降低原料成本和对乙烯裂解装置的依赖,但乙烷的转化率较低,同时副产氯乙烷和二氯乙烷。

04.423 醛加氢工艺 aldehyde hydrogenation process

含醛物料经过固定床、滴流床或鼓泡床等反应器进行加氢处理后,将醛类化合物转换为相同碳原子数的醇类化合物的工艺。

04.424 烯醛加氢工艺 olefine aldehyde hydrogenation process

以烯醛为原料,经催化加氢生产相同碳原子数的醇的工艺。

04.425 加压吸收工艺 pressurized absorption process

为提高被吸收气体组分在液相中的溶解度,在较高压力条件下进行吸收分离的工艺。

04.426 绿油脱除工艺 green oil removal process

乙烯工艺中,在碳二加氢反应器的多段床之间设置绿油罐或塔脱除绿油,防止反应气体夹带绿油污染催化剂,降低催化剂活性和选择性的工艺。

04.427 在线清堵工艺 online-cleaning process

在不停止生产的情况下,消除工艺过程中产生聚合物的沉积,防止管路或设备堵塞的技术。通常用于丙烯腈生产。

04.428 乙烷氧化制乙酸工艺 ethane oxidation to acetic acid process

在催化剂作用下,乙烷和氧气反应制取乙酸的工艺。

04.429 乙烯气相法制乙酸乙烯工艺 ethylene acetoxylation to vinyl acetate process

以气化的乙酸、乙烯和氧气为原料,在催化剂作用下,经乙酰化反应制取乙酸乙烯的工艺。

04.430 氯醇法制环氧丙烷工艺 chlorohydrin to propylene oxide process

以丙烯、氯气和氢氧化钙(或氢氧化钠)为原料,经过氯醇化和皂化反应生产环氧丙烷的工艺。

04.431 氯醇化管道反应器 tubular reactor in chlorohydrination process

在氯醇法制环氧丙烷工艺中,用于丙烯、氯气和水进行氯醇化反应制备氯丙醇的管道式反应器。

04.432 共氧化制环氧丙烷工艺 co-oxidation to propylene oxide process

以有机过氧化物为氧化剂,氧化丙烯制取环氧丙烷,并经联产的有机醇中间体进一步生产其他化学品的工艺。

04.433 异丙苯制环氧丙烷工艺 cumene to propylene oxide process

又称"CHP工艺(CHP process)"。以异丙苯经过氧化氢氧化反应制得的过氧化异丙苯为氧化剂,氧化丙烯制取环氧丙烷的工艺。

04.434 过氧化氢法制环氧丙烷工艺 hydrogen peroxide to propylene oxide process

简称"HPPO工艺(HPPO process)"。以过氧化氢为氧化剂,在催化剂作用下氧化丙烯制取环氧丙烷的工艺。

04.435 水平多级环氧化反应器 horizontal multi-stage epoxidation reactor

在共氧化法环氧丙烷工艺中,由 2 个以上串联的或在反应器内设置 2 个以上隔室的水平环氧化反应器。

04.436 邻二甲苯固定床氧化制苯酐工艺 *o-xylene fixed bed oxidation to phthalic anhydride process*

又称"固定床气相氧化催化工艺(fixed bed gas phase catalytic oxidation process)"。以邻二甲苯为原料,经过气相催化氧化反应,生产邻苯二甲酸酐的工艺。

04.437 萘流化床氧化制苯酐工艺 *naphthalene fluidized bed oxidation to phthalic anhydride process*

以萘为原料,经过气相催化氧化反应,生产邻苯二甲酸酐的工艺。

04.438 烷烃脱氢制 α-烯烃工艺 *alkane dehydrogenation to α-olefins process*

以正构烷烃为原料,在催化剂作用下,经脱氢反应制取 α-烯烃的工艺。

04.439 烯烃齐聚制 α-烯烃工艺 *olefin oligomerization to α-olefins process*

以低碳烯烃为原料,在催化剂作用下,经齐聚反应制取 α-烯烃的工艺。

04.440 齐格勒一步法 *one step Ziegler process*

又称"Gulf 一步法工艺(one step Gulf process)"。以乙烯为原料,在三乙基铝催化剂的作用下,齐聚反应的链增长和链置换两步反应在同一反应器中进行,制备 α-烯烃的工艺。

04.441 齐格勒两步法工艺 *two steps Ziegler process*

以乙烯为原料,在三乙基铝催化剂的作用下,齐聚反应的链增长和链置换两步反应在不同反应器和不同反应条件下分两步进行,制备 α-烯烃的工艺。

04.442 乙烯二聚制 1-丁烯工艺 *ethylene dimerization to butene-1 process*

以乙烯为原料,在催化剂作用下,经二聚反应制取 1-丁烯的工艺。

04.443 乙烯齐聚制 α-烯烃工艺 *ethylene oligomerization to α-olefins process*

以乙烯为原料,在催化剂作用下,经齐聚反应制备 α-烯烃的工艺。

04.444 雷佩法丙烯酸生产工艺 *acrylic acid process via Reppe method*

以乙炔、一氧化碳、水为原料,在镍盐催化剂的存在下制备丙烯酸的工艺。

04.445 丙烯氧化制丙烯酸工艺 *propylene oxidation to acrylic acid process*

以丙烯、空气为原料,在催化剂作用下,先经氧化反应生成丙烯醛,再进一步氧化制取丙烯酸的工艺。

04.446 乙酸酯化制乙酸乙酯工艺 *acetic acid esterification to ethyl acetate process*

又称"醋酸酯化制醋酸乙酯工艺"。以乙酸和乙醇为原料,经酯化反应制取乙酸乙酯的工艺。

04.447 乙醛缩合制乙酸乙酯工艺 *acetaldehyde condensation to ethyl acetate process*

又称"乙醛缩合制醋酸乙酯工艺""Tischenko 工艺(Tischenko process)"。以乙醛为原料,在催化剂作用下,经乙醛缩合反应生产乙酸乙酯的工艺。

04.448 乙烯加成制乙酸乙酯工艺 *ethylene addition to ethyl acetate process*

又称"乙烯加成制醋酸乙酯工艺"。以乙酸和乙烯为原料,在催化剂作用下,经乙烯加成反应,生产乙酸乙酯的工艺。

04.449 苯加氢制环己烷工艺 *benzene hydro-*

genation to cyclohexane process
以苯为原料,经催化加氢制取环己烷的工艺。
可分为气相工艺和液相工艺。

04.450 环己烷氧化制环己酮工艺 cyclohexane oxidation to cyclohexanone process
以环己烷为原料,经空气氧化制过氧化环己烷,分解生成环己酮、环己醇混合物,再经环己醇催化脱氢转化成环己酮的工艺。

04.451 环己酮-羟胺制己内酰胺工艺 cyclohexanone and hydroxylamine to caprolactam process
由环己酮和羟胺的硫酸盐或磷酸盐为原料,经肟化反应制备环己酮肟,再经贝克曼重排制备己内酰胺的工艺。

04.452 环己酮氨肟化工艺 cyclohexanone ammoximation process
以环己酮为原料,在催化剂的作用下,与氨、过氧化氢反应制取环己酮肟的工艺。

04.453 环己酮肟重排制己内酰胺工艺 cyclohexanone oxime rearrangement to caprolactam process
环己酮肟在发烟硫酸存在下进行贝克曼重排生成己内酰胺磺酸酯,再经中和及一系列分离精制过程制取己内酰胺的工艺。

04.454 异丁烷选择性氧化制甲基丙烯酸工艺 isobutane selective oxidation to methacrylic acid process
以异丁烷为原料,在催化剂作用下,经选择性氧化反应制取甲基丙烯酸的工艺。

04.455 丙酮氰醇制甲基丙烯酸甲酯工艺 acetone cyanohydrins to methyl methacrylate process

以丙酮、氢氰酸、硫酸和甲醇为原料,经加成、水解、酯化等反应制取甲基丙烯酸甲酯的工艺。

04.456 正丁烯水合制甲乙酮工艺 butene to methylethyl ketone process
以正丁烯为原料,经催化水合反应制仲丁醇,再经催化脱氢制取甲乙酮的工艺。

04.457 顺酐直接加氢制 γ-丁内酯工艺 maleic anhydride direct hydrogenation to γ-butyrolactone process
以顺酐为原料,直接加氢制取丁内酯的工艺。按照反应相态可分为液相法和气相法两种。

04.458 KA 油氧化制己二酸工艺 KA oil oxidation to adipic acid process
以环己烷为原料,经空气氧化生成环己酮与环己醇混合物后,再经硝酸氧化制取己二酸的工艺。

04.459 己二腈催化加氢制己二胺工艺 adiponitrile hydrogenation to 1,6-hexanediamine process
以己二腈为原料,经催化加氢制取己二胺的工艺。可分为高压法和低压法。

04.460 丙烯腈二聚-加氢制己二胺工艺 acrylonitrile dimerization-hydrogenation to 1,6-hexanediamine process
以丙烯腈为原料,经电解还原二聚生成己二腈,再经加氢制取己二胺的工艺。

04.461 己内酰胺制己二胺工艺 caprolactam to 1,6-hexanediamine process
以己内酰胺为原料,在磷酸盐催化剂作用下,经气相反应生成氨基己腈,再加氢生产己二胺的工艺。

04.03 煤 化 工

04.462 煤炭加工 coal processing
采用机械、物理、化学等方法处理原煤,生产
原料、燃料及产品的过程。

04.463 配煤工艺 coal blending process

简称"配煤"。根据特定需要,将不同煤质的煤炭按一定比例进行调配的过程。

04.464 煤炭洗选工艺 coal washing process
简称"选煤""洗煤"。通过物理、化学或微生物方法使煤和杂质有效分离,加工成质量均匀、用途不同的煤炭产品的过程。

04.465 型煤工艺 briquetting process
又称"粉煤成型工艺"。以粉煤为原料,通过机械力加工成具有一定形状、质量、大小和特定理化性能的块煤的过程。按照操作温度不同,分为冷压成型工艺和热压成型工艺。

04.466 热压成型工艺 hot briquetting process
将粉煤快速加热到塑性温度并压制成型煤的过程。

04.467 冷压成型工艺 cold briquetting process
粉煤或配有黏结剂的混合料,在常温或黏结剂热熔温度及一定压力下,挤压或辊压成型的过程。按照是否添加黏结剂,分为无黏结剂成型工艺和有黏结剂成型工艺。

04.468 无黏结剂成型工艺 briquetting process without binder
以粉煤为原料,不外加黏结剂,依靠煤炭自身的性质和黏结性组分,在外力作用下压制成型煤的过程。

04.469 有黏结剂成型工艺 briquetting process with binder
将粉煤与外加黏结剂充分混合均匀后,压制成型煤的过程。

04.470 预干燥工艺 pre-drying process, preliminary drying process
高含水煤在运输或者加工利用之前,通过物理、化学方法,将煤中水分降至一定含量的过程。

04.471 热风滚筒干燥工艺 hot drum drying process
以热烟气为加热介质,采用直接换热的方式,将煤在滚筒干燥器中脱水的过程。

04.472 回转管式干燥工艺 rotary tube drying process
以低压蒸汽为加热介质,采用间接换热的方式,将煤在回转管式干燥器中脱水的过程。蒸气、煤可分别走管程或壳程。

04.473 流化床干燥工艺 fluidized bed drying process
以蒸汽、氮气或其他惰性气体为流化介质,低压蒸汽为热源,采用直接或间接换热的方法,使煤颗粒在流化状态下进行干燥的过程。

04.474 热压脱水工艺 hot pressing dehydration process
褐煤在加热条件下,通过机械挤压方式将水脱除的过程。

04.475 煤浆制备工艺 coal slurry preparation process, coal slurry pulping process
又称"水煤浆制浆工艺"。将一定粒度的煤与适量的水、添加剂等,通过磨矿、捏混与搅拌、滤浆等步骤,制取一定浓度的水煤浆的过程。主要有干法制浆工艺、湿法制浆工艺、联合制浆工艺。

04.476 干法制浆工艺 dry pulping process
将煤干磨后,与水和适量添加剂经过捏混、搅拌等加工步骤,制取煤浆母液,再根据不同工艺的要求加水调配至不同浓度的水煤浆的过程。

04.477 湿法制浆工艺 wet pulping process
将煤、水和适量添加剂一起加入磨煤机,直接制得水煤浆的过程。

04.478 联合制浆工艺 combined pulping process
煤经干磨制取粉煤后,根据煤浆粒度分布的要求,将部分粉煤进一步通过湿法研磨,与其余粉煤及水、添加剂等混合制取水煤浆的过程。

04.479 级配制浆工艺 graded pulping process
将煤通过两个或两个以上的磨机分别制取不同粒径的水煤浆后混合获得高浓度水煤浆的过程。

04.480 煤气化 coal gasification
煤与气化剂在气化炉内反应制取粗合成气等产品的过程。

04.481 共气化 co-gasification
又称"联合气化"。两种或两种以上含碳原料在同一气化反应器内发生气化反应、制取合成气等产品的过程。

04.482 熔融床气化工艺 molten bath gasification process
含碳原料在呈熔融态的铁、灰或盐相的床层底部,与蒸汽、空气(或氧气)反应,生产合成气等产品的过程。

04.483 超临界气化工艺 supercritical gasification process
煤或生物质等含碳原料在超临界水中反应制取富氢气体的过程。

04.484 催化气化工艺 catalytic gasification process
表面附着催化剂的煤与气化剂在反应器中进行温和气化反应,制取富甲烷合成气的过程。

04.485 等离子体气化工艺 plasma gasification process
粉煤在高温等离子体气氛中迅速气化,制取合成气等产品的过程。

04.486 地下煤气化工艺 underground coal gasification process
煤炭在地下与通入的气化剂进行有控制的燃烧和气化反应,制取工业燃气、化工原料气的过程。

04.487 核能余热气化工艺 nuclear waste gasification process
以煤等含碳物质为原料,借助于核能或核能余热为煤气化提供反应所需热量,制取合成气等产品的过程。

04.488 化学链气化工艺 chemical looping gasification process
利用高效氧化反应器和还原反应器,采用高活性载氧粒子循环的方式,将含碳原料氧化,并将水还原转化为氢气的过程。可同时联产电力、蒸汽等产品。典型的载氧粒子有 Fe、Mn、Ca 等。

04.489 煤加氢气化工艺 coal hydrogasification process
粉煤与氢气在反应器中发生反应,制取甲烷、轻质油品和清洁半焦等产品的过程。

04.490 固定床气化工艺 fixed bed gasification process
在煤气化过程中,以块煤、碎煤或其他含碳物质为原料,蒸汽、空气(或氧气)为气化剂,在固定床气化炉中制取合成气等产品的过程。

04.491 流化床气化工艺 fluidized bed gasification process
以粉煤为原料,蒸汽、空气(或氧气)为气化剂,在流化床气化炉中制取合成气等产品的过程。目前典型的工艺有温克勒气化工艺、灰熔聚工艺、输运床工艺(TRIG 工艺)等。

04.492 气流床气化工艺 entrained flow gasification process
以干粉煤或水煤浆为原料,氧气或空气为气化剂,在气流床气化炉中制取合成气的过程。根据进料形式不同,可分为水煤浆气化工艺和粉煤气化工艺。

04.493 水煤浆气化工艺 coal-water slurry gasification process
以水煤浆为原料,氧气或空气为气化剂,在高温高压下制取合成气的气流床气化工艺。根据喷嘴设置的数量,可分为单喷嘴水煤浆气化工艺和多喷嘴水煤浆气化工艺。

04.494 粉煤气化工艺 pulverized coal gasification process

将干粉煤采用密相输送方式送入气化炉,以氧气或空气为气化剂,在高温高压下制取合成气的过程。根据喷嘴设置的数量,分为单喷嘴粉煤气化工艺和多喷嘴粉煤气化工艺。典型工艺有:壳牌粉煤气化工艺、航天炉粉煤气化工艺、科林气化工艺等。

04.495 一氧化碳变换工艺 water-gas shift process

在催化剂的作用下,富一氧化碳的原料气与水反应,转化为氢气和二氧化碳的过程。

04.496 耐硫变换工艺 sulfur tolerant shift process

含硫的原料气,在耐硫催化剂作用下进行的一氧化碳变换工艺。

04.497 等温变换工艺 isothermal shift process

采用内置换热元件的等温反应器,维持温度相对恒定条件下进行的一氧化碳变换工艺。

04.498 甲醇合成工艺 methanol synthesis process

以氢气和一氧化碳、二氧化碳为原料,在催化剂的作用下生产甲醇的过程。

04.499 煤炭液化 coal liquefaction

又称"煤的液化"。将煤炭转化为液体产物的过程。

04.500 煤炭直接液化工艺 coal direct liquefaction process

在高温、高压和催化剂的作用下,经裂解、加氢等反应,将煤直接转化成液体产物的过程。目前典型工艺有供氢溶剂工艺、氢煤工艺、溶剂精炼煤工艺等。

04.501 煤炭间接液化工艺 coal indirect liquefaction process

以煤为原料,经气化、费-托反应制取液体燃料和化学品的过程。

04.502 煤热解 coal pyrolysis

煤在隔绝空气或惰性气氛中且无催化作用条件下,持续加热发生的大分子结构断裂、小分子逸出的过程。

04.503 氮电弧等离子体煤热解 nitrogen arc plasma coal pyrolysis

在氮电弧等离子体中,煤发生热解反应的过程。主要用于生产乙炔。

04.504 煤制天然气工艺 coal to natural gas process

以煤为原料通过气化生成合成气,再经甲烷化反应生产天然气的过程。

04.505 合成气净化工艺 syngas purification process

脱除粗合成气中对后续工艺有害和不利成分的过程。

04.506 物理净化工艺 physical purification process

采用物理方法(如物理溶剂法、吸附法、膜分离法)实现的工艺气净化过程。

04.507 化学净化工艺 chemical purification process

采用化学方法(如化学溶剂法、氧化还原法等)实现的工艺气净化过程。

04.508 选择性脱硫工艺 selective desulfurization process

在含有硫化物与 CO_2 的气体混合物中,仅脱除硫化物的过程。

04.509 低温甲醇洗工艺 rectisol process

以甲醇为吸收剂,利用甲醇在低温下对酸性气体溶解度较大的物理特性,脱除原料气中的酸性气体的过程。

04.510 加氢脱硫工艺 hydrodesulfurization process

简称"HDS工艺(HDS process)"。在催化剂作用下,有机硫化合物与氢反应转化为易被脱除的硫化氢,从而实现深度脱硫的过程。

04.511 吸附脱硫工艺 adsorption desulfurization process

利用吸附剂对硫化物的选择性吸附能力,通过加压吸附、减压脱附实现脱硫的过程。

04.512 硫回收 sulfur recovery

酸性气体中的硫化氢经氧化反应和催化反应转化为硫黄或硫酸,实现硫元素回收的过程。

04.513 醇胺法酸性气体脱除工艺 alkanolamine process for sour gas removal

以烷基醇胺溶液为溶剂(如一乙醇胺、二乙醇胺、三乙醇胺、二异丙醇胺、甲基二乙醇胺)脱除二氧化碳、硫化氢等酸性气体的过程。

04.514 热钾碱法工艺 hot potassium carbonate process

以碳酸钾为主体的水溶液作为吸收剂,进行酸性气体吸收和溶液再生的过程。

04.515 合成气制低碳醇工艺 syngas to lower alcohol process

以合成气为原料,制取低碳醇的过程。

04.516 合成氨工艺 synthetic ammonia process

以石油、煤炭、天然气等作为原料,经原料气制备、净化及氨合成等步骤制取氨的过程。

04.517 甲醇脱水制二甲醚工艺 methanol dehydration to dimethyl ether process

以甲醇为原料,在催化剂的作用下脱水生成二甲醚的过程。有液相法和气相法两种。

04.518 煤制烯烃工艺 coal to olefin process

简称"CTO工艺(CTO process)"。以煤炭为原料,在催化剂的作用下经煤气化、合成气制甲醇、甲醇制烯烃等步骤制取烯烃的过程。

04.519 甲醇制烯烃工艺 methanol to olefins process

简称"MTO工艺(MTO process)"。以甲醇为原料,在催化剂的作用下,同时生产乙烯和丙烯,生成少量水和少量液化气的技术。

04.520 甲醇制汽油工艺 methanol to gasoline process

以甲醇为原料,在催化剂作用下经脱水、低聚、异构化反应制取烃类油的过程。

04.521 甲醇制丙烯工艺 methanol to propylene process

简称"MTP工艺(MTP process)"。以甲醇为原料,在催化剂作用下,生产丙烯,同时产生水和少量乙烯、汽油和液化气的技术。

04.522 甲醇羰基化制乙酸工艺 methanol carbonylation to acetic acid process

以甲醇和一氧化碳为原料,在催化剂作用下,经羰基化反应制取乙酸的过程。

04.523 乙炔法制乙酸乙烯工艺 acetylene to vinyl acetate process

以乙炔和乙酸为原料,在催化剂作用下,反应生成乙酸乙烯的过程。

04.524 甲醇羰基化制乙酸乙烯工艺 methanol carbonylation to vinyl acetate process

以甲醇和合成气为原料,经过甲醇羰基化反应生成乙酸,再与甲醇经酯化反应生成乙酸甲酯,乙酸甲酯与合成气经过羰基化反应生成亚乙基二乙酸酯后经热裂化反应制取乙酸乙烯的过程。

04.525 合成气制乙二醇工艺 syngas to ethylene glycol process

以合成气为原料,在催化剂作用下制取乙二

醇的过程。分为直接工艺和间接工艺,直接工艺由合成气直接合成乙二醇,间接工艺是合成气经中间化合物(如草酸二甲酯)再转化为乙二醇。

04.526 合成气脱砷 syngas dearsenification
采用湿法洗涤和化学吸附等方法,脱除合成气中砷化物的过程。

04.527 脱硫 desulfurization
脱除物料中硫元素或硫化合物的过程。

04.528 煤焦油加工 coal-tar processing
以煤焦油为原料,通过蒸馏、洗涤萃取、结晶分离、加氢等物理和化学方法加工成酚类、吡啶类、萘类、蒽类、沥青类、油类等化学品的过程。

04.529 焦油氢化 coal-tar hydrogenation
以煤焦油为原料,采用加氢处理技术脱除金属杂质、灰分和 S、N、O 等杂原子,并将其中的烯烃和芳烃类化合物进行饱和,制取石脑油馏分和柴油馏分的过程。

04.530 干法熄焦 coke dry quenching
又称"干熄焦"。利用惰性气体将红焦降温冷却的熄焦过程。

04.531 乳化工艺 emulsification process
一种液体以极微小液滴均匀地分散在互不相溶的另一种液体中的过程。

04.532 水力除灰 hydraulic ash sluicing
以水为动力和介质,将渣斗的炉渣或除尘器、空气预热器、省煤器灰斗等储灰点的细灰进行输送、排放的过程。

04.533 碳捕集与封存 carbon capture and storage, CCS
从大型稳定二氧化碳排放源中分离、收集二氧化碳,并用各种方法储存以减少排放到大气中的过程。

04.534 碳捕集、利用与封存 carbon capture, utilization and storage, CCUS
从大型稳定二氧化碳排放源中分离、收集二氧化碳,并运输到特定地点加以利用或封存,以实现被捕集 CO_2 与大气长期隔离的过程。

04.535 气化率 gasification rate, rate of gasification
又称"产气率""煤气产率"。单位质量燃料经气化后转变成煤气的标准体积。单位为 Nm^3/kg(燃料)。按照是否计入水分,分为湿煤气产率和干煤气产率。

04.536 比煤耗 specific coal consumption
煤气化消耗指标,每生产 $1000Nm^3$ 有效合成气(氢气、一氧化碳)所消耗的干煤量。单位为 $kg/1000Nm^3$。

04.537 比氧耗 specific oxygen consumption
煤气化消耗指标,每生产 $1000Nm^3$ 有效合成气(氢气、一氧化碳)所消耗的纯氧量。单位为 $Nm^3/1000Nm^3$。

04.538 燃料比 fuel ratio
煤中固定碳与挥发分的质量比。是表征煤化程度的指标,随煤化程度的增高而增高。

04.539 氧煤比 oxygen coal ratio, oxygen to coal ratio
煤气化过程中,进入气化炉的氧的数量和进入气化炉的煤的数量的比值。

04.540 蒸汽煤比 steam coal ratio, steam to coal ratio
煤气化过程中蒸汽量与煤(碳)量的比值。是影响合成气组成的重要参数。

04.541 固气比 solid gas ratio, solid to gas ratio
粉煤输送过程中,固体的质量流量与输送气体的质量流量(或体积流量)的比值。是体现输送系统中固体物料浓度高低的重要参数,也是决定输送方式、输送能力与输送经济性的重要指标。

04.542　最小流化速度　minimal fluidization velocity

在流化床层中全部催化剂完全处于流态化时流化介质的最低速度。

04.543　成浆性能　slurry property, slurry performance

评价煤成浆难易、成浆质量的指标。包括浆浓度、流变性、稳定性、触变性和黏弹性等。

04.544　粒度级配　grain grading

又称"颗粒级配"。将不同粒度的物料进行混配，使物料达到特定粒度分布的过程。

04.545　格–金指数　Gray-King index

评价煤的结焦性的指标。采用干馏后的半焦与标准格金焦型对比，来评价煤的结焦性能。

04.546　黏结指数　caking index

评价烟煤黏结性的指标。在规定条件下烟煤加热后黏结专用无烟煤的能力。

04.547　半焦收缩系数　contraction coefficient of char

评定烟煤在炼焦过程中胶质体固化生成半焦后收缩程度的指标。规定条件下半焦随温度升高而变化的体积与原体积的比值。

04.548　油当量　oil equivalent

按标准油的热值计算各种能源量的换算指标。

04.549　磨煤机　coal mill

将碎煤通过机械研磨制取合格煤粉或水煤浆的机械设备。按照磨煤部件的转速分为低速磨煤机、中速磨煤机和高速磨煤机。

04.550　气化炉　gasifier

以煤、焦炭、渣油或生物质等为原料，以氧气、水蒸气等为气化剂，高温下转化生成合成气的设备。常用于煤炭气化制合成气（H_2 + CO）。

04.551　熔融床气化炉　melting bed gasifier

又称"熔池气化炉（molten bath gasifier）"。煤粉与气化剂在熔融的灰渣或金属盐浴中反应的气化炉。

04.552　固定床气化炉　fixed bed gasifier

被气化物料依靠重力在气化炉内缓慢向下移动，与气化剂逆流接触的气化炉。床层自下而上分为燃烧层、气化层、干馏层、干燥层等。主要由炉体、炉箅、煤锁、灰锁、膨胀冷凝器和洗涤冷却器组成。

04.553　流化床气化炉　fluidized bed gasifier

气化介质与被气化物料在流化状态下反应的气化炉。

04.554　灰熔聚流化床气化炉　ash agglomerating fluidized bed coal gasifier

在流化床底部形成局部高温区，使灰渣团聚成球，借助重量差异实现灰团与半焦分离的流化床气化炉。

04.555　输运床气化炉　transport integrated gasifier

被气化物料在反应过程中随气化剂由下向上快速流动、循环的流化床气化炉。由混合区、提升管、旋风分离器、返料器组成。

04.556　气流床气化炉　entrained flow gasifier

被气化物料与气化剂同向高速喷射进料，以达到雾化、弥散效果的气化炉。

04.557　水煤浆气化炉　coal-water slurry gasifier

采用水煤浆进料的气流床气化炉。

04.558　粉煤气化炉　pulverized coal gasifier

采用干粉煤密相输送进料的气流床气化炉。

04.559　水冷壁气化炉　membrane water wall gasifier

又称"冷壁式气化炉"。气化室壳体内壁采用水冷壁结构、以渣抗渣对金属壳体进行保护的气化炉。按照水冷壁结构不同，分为竖管式水冷壁、盘管式水冷壁。

04.560 耐火砖气化炉 firebrick gasifier
气化室壳体内衬采用耐火材料结构对金属壳体进行保护的气化炉。

04.561 高温管式炉 high temperature pipe furnace
带有外部热源加热的管式反应器。一般应用于烃类裂解、洗油脱苯、煤焦油蒸馏、萘蒸馏、苯加氢和延迟焦化等工艺的介质加热。

04.562 分级机 grader
又称"分级器"。将颗粒状物料按粒度或密度差异分成不同级别的设备。

04.563 焦炉 coke oven
煤进行高温炼焦的窑炉。通常由炭化室、燃烧室和蓄热室组成。

04.564 除氧器 deaerator, deoxidiser
又称"除气器"。用以脱除脱盐水中的溶解氧、二氧化碳等的设备。

04.565 激冷室 quench chamber
用水将高温气体和熔渣快速降温的设备。

04.566 减温减压器 temperature-decreased pressure reducer
同时降低蒸汽压力和温度的设备。

04.567 水冷壁 water wall
用水作为换热介质，吸收炉内火焰和高温气体所放出辐射热的换热构件。

04.568 保护床 guard bed
用于预先脱除物料中影响催化剂性能的不利组分的设备。

04.569 熔硫釜 sulfur melting tank
对脱硫工艺中所产生的硫膏进行熔融、精制的设备。

04.570 闭锁式料斗 lock hopper
简称"锁斗"。通过压力交变操作，实现固体物料在不同压力系统之间输送的设备。

04.571 渣池 slag pool
煤气化炉下部收集灰渣的容器。

04.572 捞渣机 submerged slag conveyor
将气化炉、锅炉等燃烧设备排出的水和炉渣分离，并将炉渣送出的输送机械。

04.573 破渣机 slag crusher, ballast crusher
又称"碎渣机"。利用机械力对锅炉或气化炉排出的渣块进行破碎的机械。

04.04　天然气化工

04.574 天然气转化工艺 natural gas conversion process
又称"天然气制合成气工艺"。以天然气为原料，在催化剂作用下经蒸汽转化、部分氧化制取合成气的过程。

04.575 联合转化工艺 combined conversion process
以天然气为原料，在催化剂作用下将蒸汽转化和部分氧化相结合制取合成气的过程。

04.576 天然气合成油 gas to liquid
将天然气转化为液体燃料的过程。

04.577 等离子法制乙炔工艺 gas to acetylene process via plasma method
利用氢等离子体高温、高焓、高反应活性的特点，在约10ms内高效地将煤、天然气裂解制乙炔的过程。

04.578 甲烷氧化制合成气工艺 methane oxidation to syngas process
以甲烷和氧气为原料，转化为合成气的过程。分为催化氧化工艺和非催化氧化工艺。

04.579 二氧化碳转化工艺 carbon dioxide conversion process

以二氧化碳和天然气为原料,在催化剂作用下制取合成气的过程。

04.580 合成气制低碳烯烃工艺 syngas to light olefins process

以合成气为原料,在催化剂作用下,通过费-托反应制取乙烯、丙烯、丁烯等主要产品的过程。

04.581 合成气制二甲醚工艺 syngas to dimethyl ether process

以合成气为原料,在催化剂作用下制取二甲醚的过程。

04.582 合成气制甲酸甲酯工艺 syngas to methyl formate process

以合成气为原料,在催化剂作用下,直接制取甲酸甲酯的过程。

04.583 合成气直接法制乙醇工艺 syngas to ethanol by direct process

以合成气为原料,在催化剂作用下,直接制取乙醇的过程。

04.584 合成气间接法制乙醇工艺 syngas to ethanol by indirect process

以合成气为原料,在催化剂的作用下,经甲醇中间体间接制取乙醇的过程。

04.585 二甲醚制低碳烯烃工艺 dimethyl ether to light olefins process

二甲醚在催化剂的作用下,转化为乙烯、丙烯等低碳烯烃的过程。

04.586 甲烷非催化部分氧化法制乙炔工艺 non-catalytic partial oxidation of methane to acetylene process

又称"天然气部分氧化热裂解制乙炔工艺"。以气态烃和氧气为原料,在高温下发生烃裂解制取乙炔的过程。

04.587 炔醛法制取 1,4-丁二醇工艺 acetylene-formaldehyde to 1, 4-butanediol process

以乙炔、甲醛和氢气为原料,在催化剂的作用下,制取 1,4-丁二醇的过程。

04.588 丙烯氢甲酰化合成丁醛工艺 propylene hydroformylation to butyraldehyde process

以丙烯、一氧化碳和氢气为原料,在催化剂作用下经氢甲酰化反应制取丁醛的过程。

04.589 乙酸酯制乙醇工艺 acetic ester to ethanol process

又称"醋酸酯制乙醇工艺"。乙酸酯在催化剂的作用下直接加氢制取乙醇的过程。

04.590 乙酸制乙醇工艺 acetic acid to ethanol process

又称"醋酸制乙醇工艺"。以乙酸和氢气为原料,在催化剂作用下,直接加氢制取乙醇的过程。

04.591 电弧法制乙炔工艺 gas to acetylene process via electric arc method

利用电弧产生的高温使天然气裂解制取乙炔的过程。

04.592 丁烯氧化制乙酸工艺 butylene oxidation to acetic acid process

以丁烯混合物为原料,在特种催化剂的作用下制取乙酸的过程。

04.593 甲醛羰化制乙二醇工艺 formaldehyde carbonylation to ethylene glycol process

以甲醛和一氧化碳、水为原料,先生成羟基乙酸,然后在催化剂作用下与甲醇反应得到羟基乙酸甲酯后加氢还原制取乙二醇的过程。

04.594 甲烷光氯化制甲烷氯化物工艺 methane photochlorination to chlorinated methane process

以 CH_4 和 Cl_2 为原料,在光照作用下制取 CH_3Cl、CH_2Cl_2、$CHCl_3$、CCl_4 的过程。

04.595 光气合成碳酸二甲酯工艺 dimethyl carbonate synthesis by phosgene process

以碳酰氯(光气)和甲醇为原料,制取碳酸二甲酯的过程。

04.596 甲醇氨化制甲胺工艺 methanol ammoniation to methylamine process

以甲醇、氨气为原料,经氨化反应合成甲胺的过程。

04.597 甲醇羰基化制甲酸甲酯工艺 methanol carbonylation to methyl formate process

甲醇与一氧化碳在催化剂的作用下,经羰基化反应制取甲酸甲酯的过程。

04.598 甲醇羰基化制碳酸二甲酯工艺 methanol carbonylation to methyl carbonate process

以甲醇、CO 和 O₂ 为原料,在催化剂的作用下制取碳酸二甲酯的过程。可分为甲醇液相氧化羰基化工艺和甲醇气相氧化羰基化工艺。

04.599 甲醇同系化制乙醇工艺 methanol homologation to ethanol process

又称"甲醇还原羰基化"。以甲醇与合成气为原料,在一定条件下发生氢甲酰化反应,制取乙醇,同时副产正丙醇、正丁醇的过程。

04.600 甲醇脱氢制甲酸甲酯工艺 methanol dehydrogenation to methyl formate process

以甲醇为原料,在催化剂作用下脱氢或氧化脱氢制取甲酸甲酯的过程。

04.601 甲醇氧化制甲醛工艺 methanol oxidation to formaldehyde process

以甲醇和空气为原料,在催化剂作用下,经氧化制取甲醛的过程。

04.602 甲醇与甲醛缩合制乙二醇工艺 methanol and formaldehyde condensation to ethylene glycol process

以甲醇和甲醛为原料,以有机过氧化物作为引发剂,经缩合反应制取乙二醇的过程。

04.603 甲醇酯化制甲酸甲酯工艺 methanol esterification to methyl formate process

以甲醇和甲酸为原料经酯化反应制取甲酸甲酯的过程。

04.604 乙醇制异丁醛工艺 ethanol to isobutyraldehyde process

以甲醇和乙醇为原料,在催化剂的作用下制取异丁醛的过程。

04.605 甲醇制氯甲烷工艺 methanol to chloromethane process

以甲醇和氯化氢为原料,经氯化反应制取氯甲烷的过程。可分为气-液相非催化工艺、气-液相催化工艺和气-固相催化工艺。

04.606 甲醛氢甲酰化制乙二醇工艺 formaldehyde hydroformylation to ethylene glycol process

以甲醛和合成气为原料,在催化剂的作用下经甲醛氢甲酰化制羟基乙醛,再经加氢制取乙二醇的过程。

04.607 甲醛制乙二醇工艺 formaldehyde to ethylene glycol process

以甲醛为原料,经电化学加氢二聚制取乙二醇的过程。

04.608 甲烷裂解 pyrolysis of methane

以甲烷为原料,在高温条件下经裂解制取炭黑和氢气的过程。

04.609 甲烷热氯化制甲烷氯化物工艺 methane thermal chlorination to chlorinated methane process

以天然气、氯气为原料,经热氯化反应制取一氯甲烷、二氯甲烷、三氯甲烷、四氯化碳的过程。

04.610 天然气硝化制甲烷硝化物工艺 nitration of natural gas to nitromethane process

以天然气和硝酸为原料,经高温气化反应制取甲烷硝化物的过程。

04.611 天然气氧化偶联制烯烃工艺 methane oxidative coupling to olefin process

以天然气和氧气或空气为原料,在催化剂作用下经偶联反应制取乙烯的过程。

04.612 甲烷氧化偶联工艺 methane oxidative coupling process

以甲烷为原料,在催化剂和高温(>600℃)作用下,直接氧化脱氢制乙烯的工艺。

04.613 天然气制氢氰酸工艺 natural gas to hydrocyanic acid process

以天然气、氨及空气为原料,在催化剂作用下制取氢氰酸的过程。

04.614 乌尔夫法制乙炔工艺 gas to acetylene process by Wulff method

空气燃烧蓄热炉中,碳二以上的轻质烃类与蒸气混合反应制取乙炔和乙烯的过程。

04.615 甲烷氧氯化制甲烷氯化物工艺 methane oxychlorination to chlorinated methane process

以天然气、氯气为原料,经氧氯化反应制取一氯甲烷、二氯甲烷、三氯甲烷、四氯化碳的过程。

04.616 甲烷制乙酸工艺 methane to acetic acid process

以甲烷、一氧化碳和氢气为原料,在催化剂的作用下制取乙酸的过程。

04.617 乙炔净化 acetylene purification

利用浓硫酸的氧化性,除去粗乙炔气中的硫化氢和磷化氢等对后续反应有害的杂质的过程。

04.618 乙炔制丙烯酸工艺 acetylene to acrylic acid process

以乙炔、一氧化碳和醇为原料,在催化剂作用下制取丙烯酸和丙烯酸酯的过程。

04.619 乙炔制氯丁二烯工艺 acetylene to chloroprene process

以乙炔为原料,在催化剂作用下,经二聚制乙烯基乙炔,再与氯化氢反应制取氯丁二烯的过程。

04.620 乙炔制氯乙烯工艺 acetylene to vinyl chloride process

以乙炔和氯化氢为原料,在催化剂作用下制取氯乙烯的过程。

04.621 转化炉 reformer

又称"重整炉"。在催化剂存在的条件下,将烃类转化为合成气的设备。可分为顶部烧嘴转化炉、侧壁烧嘴转化炉、梯台式转化炉三类。

04.622 多管乙炔反应炉 multi-tube acetylene reactor, multipipe acetylene reactor

以气态烃为原料通过部分氧化法生产乙炔的设备。包括混合器、烧嘴板、反应室、淬冷室。

04.623 旋焰乙炔反应炉 cyclonic flame acetylene reactor, swirl flame acetylene reactor

以气态烃为原料经部分氧化法生产乙炔的设备。由高速旋流混合器、旋流烧嘴、水冷却圆形反应道、淬火头及刮刀装置等主要部件组成。

04.624 刮碳装置 carbon scraping device

对乙炔炉内部沉积的碳黑定期进行在线清除的装置。可分为人工刮碳装置和自动刮碳装置。

英 汉 索 引

A

abrasive resistance 耐磨强度 03.120

acetaldehyde condensation to ethyl acetate process 乙醛缩合制乙酸乙酯工艺，*乙醛缩合制醋酸乙酯工艺 04.447

acetic acid 乙酸，*醋酸 02.117

acetic acid esterification to ethyl acetate process 乙酸酯化制乙酸乙酯工艺 04.446

acetic acid to ethanol process 乙酸制乙醇工艺，*醋酸制乙醇工艺 04.590

acetic ester to ethanol process 乙酸酯制乙醇工艺，*醋酸酯制乙醇工艺 04.589

acetone 丙酮 02.111

acetone cyanohydrins to methyl methacrylate process 丙酮氰醇制甲基丙烯酸甲酯工艺 04.455

acetonitrile 乙腈 02.193

acetonitrile composite extraction technology 乙腈复合萃取技术 04.408

acetylene 乙炔，*电石气 02.058

acetylene-formaldehyde to 1,4-butanediol process 炔醛法制取1,4-丁二醇工艺 04.587

acetylene purification 乙炔净化 04.617

acetylene to acrylic acid process 乙炔制丙烯酸工艺 04.618

acetylene to chloroprene process 乙炔制氯丁二烯工艺 04.619

acetylene to vinyl acetate process 乙炔法制乙酸乙烯工艺 04.523

acetylene to vinyl chloride process 乙炔制氯乙烯工艺 04.620

acid catalyst 酸[性]催化剂 03.193

acid catalyzed reaction 酸催化反应 03.025

acid density 酸密度 03.129

acid site 酸中心，*酸性点 03.128

acid strength 酸强度 03.130

acrylic acid 丙烯酸 02.119

acrylic acid process via Reppe method 雷佩法丙烯酸生产工艺 04.444

acrylic ester 丙烯酸酯 02.136

acrylonitrile 丙烯腈 02.195

acrylonitrile dimerization-hydrogenation to 1,6-hexanediamine process 丙烯腈二聚-加氢制己二胺工艺 04.460

acrylonitrile negative-pressure removing hydrogen cyanide process 丙烯腈负压脱氰工艺 04.409

activation 活化 03.113

[active] clay [活性]白土 03.163

active composition 活性组分 03.123

active oxygen 活性氧 03.124

acylation reaction 酰基化反应 03.051

acyl halide 酰卤 02.150

adiabatic reactor 绝热反应器 04.108

adipic acid 己二酸，*肥酸 02.122

adiponitrile hydrogenation to 1,6-hexanediamine process 己二腈催化加氢制己二胺工艺 04.459

adsorbed oxygen 吸附氧 03.126

adsorption column 吸附塔 04.183

adsorption desulfurization process 吸附脱硫工艺 04.511

aerostat 浮升器 04.277

after-cooler 后冷器 04.252

air chiller 空冷塔 04.253

alcohol 醇 02.064

alcoholate 醇盐 02.083

alcohol ether 醇醚 02.093

alcoholysis reaction 醇解反应 03.096

aldehyde 醛 02.105

aldehyde hydrogenation process 醛加氢工艺 04.423

aldol condensation 醇醛缩合 03.090

aliphatic alcohol 脂肪醇 02.065

aliphatic compound 脂肪族化合物 02.021

aliphatic hydrocarbon 脂肪烃，*脂烃 02.022

aliphatic ketone 脂肪酮 02.110

alkadiene 二烯烃 02.049

alkali metal supported catalyst 碱金属负载型催化剂 03.179

alkane 烷烃 02.024

alkane dehydrogenation to α-olefins process 烷烃脱氢制α-烯烃工艺 04.438

alkanolamine process for sour gas removal 醇胺法酸性气体脱除工艺 04.513

alkene 烯烃 02.037

alkoxide 醇盐 02.083

alkylate oil 烷基化油 02.002

alkylation process of toluene with methanol 甲苯甲醇烷基化工艺 04.392

alkylation reaction 烷基化反应 03.077

alkyne 炔烃 02.057

alkyne hydrogenation reactor 炔烃加氢反应器 04.376

alkynol 炔醇 02.076

allowable pressure drop 许可压降 04.078

alloy film 合金膜 04.152

alloy membrane 合金膜 04.152

alloy membrane catalyst 合金膜催化剂 03.188

alpha-olefin α-烯烃 02.039

amidation reaction 酰胺化反应 03.057

amide 酰胺 02.152

aminating agent 胺化剂 03.219

amination reaction 胺化反应 03.049

amine 胺 02.158

aminoethane 乙胺 02.160

aminoethyl alcohol 乙醇胺 02.087

ammonium salt 铵盐 02.166

ammonium sulfate recycling process 硫铵回收工艺 04.410

ammonolysis reaction 氨解反应 03.097

ammoxidation reaction 氨氧化反应 03.031

ammoximation reaction 氨肟化反应 03.066

amorphous alloy 非晶态合金, *无定形合金 03.161

angle of repose *休止角 02.250

angle of rest 安息角, *静止角 02.250

anhydride [羧]酸酐 02.128

aniline 苯胺 02.163

annular cross flow mixer 环隙错流混合器 04.229

annular impinging stream mixer 环管撞击流混合器 04.223

annular-type distributor 环形分布器 04.214

anthracene 蒽 02.191

anthracite 无烟煤, *白煤, *红煤 02.214

antioxidant 抗氧化剂, *抗氧剂 03.217

aprotic solvent 非质子溶剂, *非质子传递溶剂, *无质子溶剂 03.224

arborescent distributor 枝形流体分布器 04.215

arborescent impinging stream mixer 枝形撞击流混合器 04.224

arene 芳烃 02.168

aromatic alcohol 芳香醇 02.066

aromatic amine 芳香胺 02.162

aromatic compound 芳香化合物 02.167

aromatic hydrocarbon 芳烃 02.168

aromatics complex 芳烃联合装置 04.377

aromatics extraction and distillation process 芳烃抽提蒸馏工艺 04.380

aromatics extraction process 芳烃抽提工艺 04.378

aromatics liquid-liquid extraction process 芳烃液液抽提工艺 04.379

aromatization 芳构化 03.084

aryl aldehyde 芳香醛, *芳醛 02.108

ash agglomerating fluidized bed coal gasifier 灰熔聚流化床气化炉 04.554

auto-catalyzed reaction 自[动]催化反应 03.012

autothermic cracking reaction 自热裂解反应, *氧化裂解反应 03.020

axial fixed bed reactor 轴向固定床反应器 04.115

axial-radial reactor 轴径向反应器 04.116

axial temperature difference 轴向温差 04.094

3A zeolite 3A分子筛 03.151

azeotrope column 共沸塔 04.176

azeotropic rectification 共沸精馏, *恒沸精馏 04.029

azeotropy 共沸 04.038

B

back-end acetylene hydrogenation process 乙炔后加氢工艺 04.349

back-end de-ethanization process 后脱乙烷工艺 04.344

back-end de-propanization process 后脱丙烷工艺 04.346

back-end propyne and propadiene hydrogenation process 丙炔和丙二烯后加氢工艺 04.350

backflushing 反冲洗 04.040

backwashing 反冲洗 04.040

ballast crusher 破渣机，＊碎渣机 04.573

basic chemicals 基础化学品 01.014

basic organic chemical industry 基本有机化学工业，＊基本有机化工 01.001

basic organic raw material 基本有机原料 01.013

batch distillation column 间歇精馏塔 04.168

batch rectifying column 间歇精馏塔 04.168

BDO 1,4-丁二醇 02.080

Beckmann rearrangement 贝克曼重排 03.071

bed pressure drop 床层压降 04.077

benzene 苯 02.170

benzene hydrogenation to cyclohexane process 苯加氢制环己烷工艺 04.449

benzocyclobenzene 苯并环丙烯 02.188

benzoic acid 苯甲酸，＊安息香酸 02.125

bimetallic catalyst 双金属催化剂 03.181

binary refrigeration 二元制冷 04.356

binder 黏结剂 03.204

bin pump 仓泵，＊仓式泵 04.241

biomass chemical industry 生物质化工 01.008

bisphenol A 双酚A 02.098

bituminous coal 烟煤 02.213

bitumite 烟煤 02.213

black water 黑水 02.238

blended coal ［混］配煤 02.206

BMCI ＊BMCI值 02.015

boiler feed water 锅炉给水 04.095

boiling slurry agitator 沸腾淤浆搅拌器 04.220

bonding property 黏结性 02.252

boron silicon zeolite 硼硅分子筛 03.148

BPA 双酚A 02.098

branched alkene 支链烯烃 02.042

branched olefin 支链烯烃 02.042

breakthrough sulfur capacity 穿透硫容 03.137

briquetting process 型煤工艺，＊粉煤成型工艺 04.465

briquetting process with binder 有黏结剂成型工艺 04.469

briquetting process without binder 无黏结剂成型工艺 04.468

bromination reaction 溴化反应 03.047

bromine value 溴价，＊溴值 02.018

brown coal 褐煤 02.212

bubbling fixed bed 鼓泡固定床 04.120

bulk chemicals 大宗化学品 01.015

bureau of mines correlation index 关联指数，＊芳烃指数 02.015

burner 烧嘴 04.295

burner block 烧嘴板 04.300

butadiene 丁二烯 02.050

butadiene extraction process 丁二烯抽提工艺 04.369

butane 丁烷 02.033

butane catalytic dehydrogenation process 丁烷催化脱氢工艺 04.373

1,4-butanediol 1,4-丁二醇 02.080

butene 丁烯 02.047

butene catalytic dehydrogenation process 丁烯催化脱氢工艺 04.372

butene catalytic oxidative dehydrogenation process 丁烯氧化脱氢工艺 04.371

butenedioic acid 丁烯二酸 02.123

butene to methylethyl ketone process 正丁烯水合制甲乙酮工艺 04.456

butylene oxidation to acetic acid process 丁烯氧化制乙酸工艺 04.592

γ-butyrolactone γ-丁内酯 02.133

by-product 副产品 01.018

C

caking property 黏结性 02.252

caking index 黏结指数 04.546

calandria distributor 排管式分布器 04.212

C₅ alkane cyclic isomerization process 碳五烷烃循环异构化工艺 04.345

capacity 生产能力 04.073

caprolactam 己内酰胺 02.155

caprolactam to 1,6-hexanediamine process 己内酰胺制己二胺工艺 04.461

caprolactone 己内酯 02.134

carbamate 氨基甲酸酯 02.149

carbamide 碳酰胺，＊尿素 02.154

carbene 卡宾，＊碳烯 02.063

carbocoal ＊半焦 02.217

carbolic acid ＊石炭酸 02.097

carbon black 炭黑 02.237

carbon capture and storage 碳捕集与封存 04.533

carbon capture, utilization and storage 碳捕集、利用与封存 04.534

carbon deposition reaction 碳沉积反应，＊积碳反应 03.017

carbon dioxide conversion process 二氧化碳转化工艺 04.579

carbonization reaction 碳化反应 03.016

carbon nanotube 碳纳米管 03.170

carbon scraping device 刮碳装置 04.624

carbonylation reaction 羰基化反应 03.061

carbonyl chloride 碳酰氯，＊光气 02.151

carboxylic acid 羧酸 02.115

C_8 aromatics 碳八芳烃 02.174

C_9 aromatics 碳九芳烃 02.185

C_{10} aromatics 碳十芳烃 02.186

catalyst 催化剂 03.108

catalyst lifetime 催化剂寿命 03.109

catalyst pretreatment 催化剂预处理 03.110

catalytic cracking gas 催化裂化气 02.232

catalytic distillation 催化精馏 04.031

catalytic distillation column 催化精馏塔 04.170

catalytic distillation hydrogenation process 催化精馏加氢工艺 04.351

catalytic distillation process for the production of ethylbenzene 催化蒸馏制乙苯工艺 04.397

catalytic distillation to cumene process 催化蒸馏制异丙苯工艺 04.417

catalytic gasification process 催化气化工艺 04.484

catalytic reaction 催化反应 03.010

caustic washing column 碱洗塔 04.189

CBG 煤层气 02.223

CBL cracking furnace CBL 型裂解炉，＊北方炉 04.325

CBM 煤层气 02.223

C_1 chemical industry 碳一化工 01.005

CCS 碳捕集与封存 04.533

CCUS 碳捕集、利用与封存 04.534

centrifugal clarification 离心澄清 04.013

centrifugal compressor 离心[式]压缩机 04.262

ceramic filter 陶瓷滤芯 04.296

ceramic membrane 陶瓷膜 04.154

ceramic microfiltration membrane 微滤陶瓷膜 04.301

C_8 fraction 碳八馏分 02.012

C_9 fraction 碳九馏分 02.013

C_{10} fraction 碳十馏分 02.014

C_4 fraction selective hydrogenation process 碳四馏分选择加氢工艺 04.370

chain initiation reaction 链引发反应 03.004

chain propagation reaction 链增长反应 03.005

chain termination reaction 链终止反应，＊断链反应 03.007

chain transfer reaction 链转移反应，＊链传递反应，＊链传播反应 03.006

characterization factor 特性因素 04.059

chemical absorption process 化学吸收过程 04.035

chemical combined water 化合水 02.240

chemical looping gasification process 化学链气化工艺 04.488

chemical purification process 化学净化工艺 04.507

chemical reaction 化学反应，＊化学变化，＊化学作用 03.001

chemicals 化学品 01.011

chemical technology 化学工艺，＊化工技术，＊化学生产技术 04.001

chill 急冷，＊激冷 04.052

chilled water 急冷液 04.100

chilled water cooler 冷冻水冷却器 04.255

china clay ＊瓷土 03.164

chlorination reaction 氯化反应 03.041

chloroform ＊氯仿 02.060

chlorohydrination reaction 氯醇化反应 03.059

chlorohydrin to propylene oxide process 氯醇法制环氧丙烷工艺 04.430

CHP process ＊CHP 工艺 04.433

circle distributor 环形分布器 04.214

clean coal 精煤 02.205

clinkering rate 结渣率 02.241

C_4 mixture 混合碳四 02.009

C_5 mixture 混合碳五 02.011

coal 煤[炭] 02.202

coal-bed gas 煤层气 02.223

coal-bed methane 煤层气 02.223

coal blending process 配煤工艺，＊配煤 04.463

coal chemical industry 煤化工 01.003

coal direct liquefaction process 煤炭直接液化工艺

04.500

coal gasification 煤气化 04.480

coal hydrogasification process 煤加氢气化工艺 04.489

coal indirect liquefaction process 煤炭间接液化工艺 04.501

coal liquefaction 煤炭液化, *煤的液化 04.499

coal mill 磨煤机 04.549

coal processing 煤炭加工 04.462

coal pyrolysis 煤热解 04.502

coal slurry 水煤浆 02.215

coal slurry preparation process 煤浆制备工艺, *水煤浆制浆工艺 04.475

coal slurry pulping process 煤浆制备工艺, *水煤浆制浆工艺 04.475

coal-tar hydrogenation 焦油氢化 04.529

coal-tar pitch 煤沥青 02.236

coal-tar processing 煤焦油加工 04.528

coal to natural gas process 煤制天然气工艺 04.504

coal to olefin process 煤制烯烃工艺 04.518

coal washing process 煤炭洗选工艺, *选煤, *洗煤 04.464

coal water slurry 水煤浆 02.215

coal-water slurry gasification process 水煤浆气化工艺 04.493

coal-water slurry gasifier 水煤浆气化炉 04.557

cocrystallization 共结晶 04.026

cocrystal zeolite 共结晶分子筛, *共晶分子筛 03.160

co-gasification 共气化, *联合气化 04.481

cogeneration process 联产工艺 04.002

coil vaporizer 盘式气化器 04.275

coke 焦炭 02.235

coke dry quenching 干法熄焦, *干熄焦 04.530

coke inhibition technology 结焦抑制技术 04.312

coke oven 焦炉 04.563

coking benzene 焦化苯 02.171

coking gas 焦化气 02.234

cold box 冷箱 04.257

cold briquetting process 冷压成型工艺 04.467

cold loss 冷损 04.093

cold-wall reactor 冷壁反应器 04.135

collecting tank 集液槽 04.298

collector 收集器 04.290

combined conversion process 联合转化工艺 04.575

combined pulping process 联合制浆工艺 04.478

combined trapezoid spray tray 立体传质塔盘 04.159

combined water *结合水 02.240

combustion device 燃烧装置 04.278

complexation crystallization 络合结晶 04.022

complexation reaction 络合反应 03.068

complex catalyst 络合物催化剂, *配合物催化剂 03.185

composite catalyst 复合催化剂 03.175

composite oxide catalyst 复合氧化物催化剂 03.176

compression strength 抗压强度 03.121

condensate stripper 凝液汽提塔 04.180

condensating fractionating column 分凝分馏塔 04.175

condensation reaction 缩合反应 03.089

condensible component 可凝组分 04.079

conjugate alkene 共轭烯烃, 02.056

conjugate olefin 共轭烯烃 02.056

continuous bubble column reactor 连续鼓泡塔式反应器 04.133

continuous phase 连续相 04.058

continuous rectification column 连续精馏塔 04.167

continuous stirred tank reactor 连续搅拌釜式反应器 04.112

contraction coefficient of char 半焦收缩系数 04.547

control system 控制系统 04.282

conversion 转化率 04.065

cooling water system 冷却水系统 04.281

co-oxidation reaction 共氧化反应 03.029

co-oxidation to propylene oxide process 共氧化制环氧丙烷工艺 04.432

co-product 联产品, *联产物 01.019

coproduction process 联产工艺 04.002

copyrolysis reaction 共裂解反应 03.023

countercurrent crystallization and washing 逆流结晶洗涤 04.025

coupling reaction 偶联反应 03.033

CPP process *CPP工艺 04.358

cracking furnace 裂解炉 04.315

cracking reaction 裂解反应 03.018

cracking severity 裂解深度 04.364

C_4 raffinate from MTBE unit 醚后碳四 02.010

cross-flow filtration 错流过滤 04.008

cross flow slot [jet] mixer 错流狭缝射流混合器 04.226

cross-over temperature 横跨温度 04.363

crude syngas 粗合成气 02.225

crushed coal 碎煤 02.209

cryogen 冷冻剂 03.216

cryogenic crystallization 深冷结晶 04.017

cryogenic de-methanization process 深冷脱甲烷工艺 04.339

cryogenic separation 深冷分离 04.005

crystal magma tank 晶浆罐 04.267

crystal slurry tank 晶浆罐 04.267

CTO process *CTO 工艺 04.518

cumene *枯烯 02.180

cumene to phenol process 异丙苯制苯酚工艺 04.418

cumene to propylene oxide process 异丙苯制环氧丙烷工艺 04.433

cyanidation reaction 氰化反应 03.055

cycle water cooler 循环水冷却器 04.256

cyclization 环化 03.086

cycloaddition reaction 环加成反应 03.037

cycloalkane 环烷烃 02.027

cycloalkene 环烯烃 02.043

cyclodehydration 脱水环化 03.103

cyclohexane oxidation to cyclohexanone process 环己烷氧化制环己酮工艺 04.450

cyclohexanone ammoximation process 环己酮氨肟化工艺 04.452

cyclohexanone and hydroxylamine to caprolactam process 环己酮–羟胺制己内酰胺工艺 04.451

cyclohexanone oxime 环己酮肟 02.114

cyclohexanone oxime rearrangement to caprolactam process 环己酮肟重排制己内酰胺工艺 04.453

cyclonic flame acetylene reactor 旋焰乙炔反应炉 04.623

cycloolefin 环烯烃 02.043

cycloparaffin 环烷烃 02.027

cyclopentadiene 环戊二烯 02.053

D

DCC process *DCC 工艺 04.306

DCS 集散型控制系统 04.283

de-acetylene process 脱乙炔工艺 04.354

deactivation 失活 03.112

deaerator 除氧器，*除气器 04.564

decanter 倾析器 04.217

decarbonizing column 脱碳塔 04.193

decarbonylation reaction 脱羰基反应 03.102

decomposition reaction 分解反应 03.092

dedusting 除尘 04.054

dedusting apparatus 除尘设备 04.237

deep catalytic cracking process 深度催化裂解工艺 04.306

deformation temperature 变形温度 02.246

de-heavy oil column 脱重组分塔 04.178

dehydration reaction 脱水反应 03.099

demethanization process 脱甲烷工艺 04.348

demineralized water 脱盐水 04.097

denitration reaction 脱硝反应 03.101

dense membrane reactor 致密膜反应器 04.147

dense oxygen permeation membrane reactor 致密透氧膜反应器 04.143

deoxidiser 除氧器，*除气器 04.564

deoxygenated water 脱氧水，*除氧水 04.096

desiccant 干燥剂 03.208

desorption agent 脱附剂 03.211

desulfurization 脱硫 04.527

desulfurization column 脱硫塔 04.192

desulfurizer 脱硫塔 04.192

dichloroethane 二氯乙烷 02.031

1,4-dicyanobutane *1,4-二氰基丁烷 02.194

dicyclopentadiene 双环戊二烯，*二聚环戊二烯 02.054

Diels-Alder reaction 第尔斯–阿尔德反应 03.038

diene 二烯烃 02.049

diethyl ether 乙醚，*二乙醚 02.092

diffuser 扩散管 04.299

diffusion orifice mixer 扩散孔板混合器 04.228

diffusion plate mixer 扩散孔板混合器 04.228

dimethyl carbonate 碳酸二甲酯 02.141

dimethyl carbonate synthesis by phosgene process 光气合成碳酸二甲酯工艺 04.595

dimethyl ether 二甲醚，*二甲基醚，*甲醚 02.090

dimethyl naphthalene 二甲基萘 02.190

dimethyl oxalate 草酸二甲酯 02.144

dimethyl ether to light olefins process 二甲醚制低碳烯烃

工艺 04.585

diolefin 二烯烃 02.049

diphenyl carbonate 碳酸二苯酯，*二苯基碳酸酯 02.142

direct fired dryer 干燥器 04.232

discrete phase 分散相 04.057

disengager 沉降器 04.200

disperse phase 分散相 04.057

disproportionation reaction 歧化反应 03.085

distillate 馏分，*馏分油 02.007

distillation column 蒸馏塔 04.163

distributed control system 集散型控制系统 04.283

distribution coefficient of product 产物分布系数 04.071

distributor 分布器 04.210

dividing wall column 分壁式精馏塔 04.174

DME 二甲醚，*二甲基醚，*甲醚 02.090

DMF N,N-二甲基甲酰胺，*二甲基甲酰胺 02.156

domestic water supply system 生活给水系统 04.279

double bond isomerization 双键异构化 03.083

double cell 双[辐射段]炉膛 04.328

double decomposition 复分解反应 03.095

double-pipe heat exchanger 双套管换热器 04.246

double-solvent crystallization 双溶剂结晶 04.024

DPC 碳酸二苯酯，*二苯基碳酸酯 02.142

drum drying 鼓式干燥，*转鼓干燥 04.048

dryer 干燥器 04.232

dry gas 干气 02.227

dry pulping process 干法制浆工艺 04.476

DT 变形温度 02.246

dual functional membrane reactor 双功能膜反应器 04.141

dual tower de-propanization process 双塔脱丙烷工艺 04.343

dynamic mixer 动态混合器 04.218

E

ejecting mixer 喷射混合器 04.230

ejector 喷射泵，*射流泵，*喷射器 04.240

electronic effect 电子效应 03.135

electrophile 亲电试剂，*亲电体 03.215

electrophilic addition reaction 亲电加成反应 03.035

electrophilic reaction 亲电反应 03.008

electrophilic reagent 亲电试剂，*亲电体 03.215

electrophilic substitution reaction 亲电取代反应 03.074

electrostatic precipitation process 静电沉淀工艺 04.009

elimination reaction 消除反应 03.098

emulsification process 乳化工艺 04.531

emulsion crystallization 乳化结晶 04.021

energy consumption 能耗 04.085

energy efficiency 能源效率，*能效 04.086

enol 烯醇 02.075

entrained flow gasification process 气流床气化工艺 04.492

entrained flow gasifier 气流床气化炉 04.556

entrainment separator 液滴分离器 04.205

epichlorohydrin 环氧氯丙烷，*表氯醇 02.104

epoxidation 环氧化 03.088

epoxide 环氧化[合]物 02.101

equivalent reactor length 当量反应器长度 04.303

equivalent reactor volume 当量反应器体积 04.302

ester 酯 02.131

esterification reaction 酯化反应 03.054

ethane 乙烷 02.030

ethane direct oxychlorination to vinyl chloride process 乙烷直接氧氯化制氯乙烯工艺 04.422

ethane oxidation to acetic acid process 乙烷氧化制乙酸工艺 04.428

ethanol 乙醇 02.069

ethanolamine 乙醇胺 02.087

ethanol dehydration to ethylene process 乙醇脱水制乙烯工艺 04.313

ethanol to isobutylaldehyde process 乙醇制异丁醛工艺 04.604

ethenyl benzene *乙烯基苯 02.182

ether 醚 02.089

etherification reaction 醚化反应 03.044

ethyl acetate 乙酸乙酯，*醋酸乙酯 02.139

ethyl ether 乙醚 02.092

ethylamine 乙胺 02.160

ethyl benzene 乙苯，*乙基苯 02.179

ethylbenzene adiabatic vacuum dehydrogenation process 乙苯负压绝热脱氢工艺 04.400

ethylbenzene dealkylation and xylene isomerization process 乙苯脱乙基型二甲苯异构化工艺 04.386

ethylbenzene dehydrogenation and selective oxidation process 乙苯脱氢选择性氧化工艺 04.401

ethylbenzene dehydrogenation to styrene process 乙苯脱氢制苯乙烯工艺 04.398

ethylbenzene isomerization type xylene isomerization process 乙苯转化型二甲苯异构化工艺，*乙苯异构型二甲苯异构化工艺 04.385

ethylbenzene oxidative dehydrogenation process 乙苯氧化脱氢工艺 04.402

ethylbenzene vacuum dehydrogenation process 乙苯负压脱氢工艺 04.399

ethylene 乙烯 02.045

ethylene acetoxylation to vinyl acetate process 乙烯气相法制乙酸乙烯工艺 04.429

ethylene addition to ethyl acetate process 乙烯加成制乙酸乙酯工艺，*乙烯加成制醋酸乙酯工艺 04.448

ethylene-based integrated balanced process to vinyl chloride process 乙烯联合平衡法制氯乙烯工艺 04.420

ethylene dimerization to butene-1 process 乙烯二聚制 1-丁烯工艺 04.442

ethylene direct conversion to vinyl chloride process 乙烯一步法制氯乙烯工艺 04.421

ethylene glycol 乙二醇，*甘醇 02.078

ethylene oligomerization to α-olefins process 乙烯齐聚制α-烯烃工艺 04.443

ethylene oxidation to ethylene oxide process 乙烯氧化制环氧乙烷工艺 04.413

ethylene oxide 环氧乙烷，*氧化乙烯 02.102

ethylene oxide catalytic hydration to ethylene glycol process 环氧乙烷催化水合制乙二醇工艺 04.414

EUO zeolite EUO 结构分子筛 03.156

eutectic crystallization 共熔结晶 04.020

exhaust gas scrubber 尾气洗涤塔 04.191

extraction column 抽提塔，*萃取塔 04.179

extractive distillation 萃取精馏，*抽提蒸馏 04.030

extractive distillation process for styrene recovery from pyrolysis gasoline 裂解汽油苯乙烯抽提蒸馏工艺 04.405

extruded catalyst 挤条催化剂 03.202

F

falling-film crystallization 降膜结晶 04.018

falling film crystallizer 降膜结晶器 04.197

fatty alcohol 脂肪醇 02.065

faujasite 八面沸石，*FAU 结构分子筛 03.141

FCS 现场总线控制系统 04.284

feedstock flexibility 原料灵活性 04.072

fieldbus control system 现场总线控制系统 04.284

filler 填料 04.156

firebrick gasifier 耐火砖气化炉 04.560

fire coal 燃煤 02.203

fire resistance column 阻火塔 04.195

fire water system 消防水系统 04.304

Fischer-Tropsch reaction 费-托反应 03.067

fixed bed gasification process 固定床气化工艺 04.490

fixed bed gasifier 固定床气化炉 04.552

fixed bed gas phase catalytic oxidation process *固定床气相氧化催化工艺 04.436

fixed bed reactor 固定床反应器 04.113

flame arrest column 阻火塔 04.195

flash column 闪蒸塔，*闪蒸器 04.181

flash drum 闪蒸罐 04.271

flash dryer 气流干燥机 04.235

flash tank 闪蒸罐 04.271

float valve distillation column 浮阀式精馏塔 04.173

flue gas 烟气 04.104

fluidized bed drying process 流化床干燥工艺 04.473

fluidized bed gasification process 流化床气化工艺 04.491

fluidized bed gasifier 流化床气化炉 04.553

fluidized bed reactor 流化床反应器，*沸腾床反应器 04.126

fluid temperature 流动温度 02.249

fluorination reaction 氟化反应 03.046

fly ash sampler 飞灰取样器 04.292

formaldehyde 甲醛，*蚁醛 02.107

formaldehyde carbonylation to ethylene glycol process 甲醛羰化制乙二醇工艺 04.593

formaldehyde hydroformylation to ethylene glycol process 甲醛氢甲酰化制乙二醇工艺 04.606

formaldehyde to ethylene glycol process 甲醛制乙二醇工艺 04.607

formalin *福尔马林 02.107

formamide 甲酰胺 02.153

formic acid 甲酸，*蚁酸 02.116

formylation reaction 甲酰［基］化反应 03.052

fractionator 分馏塔 04.164

framework aluminum 骨架铝 03.165

free radical chain reaction 自由基连锁反应，*自由基链反应 03.014

free radical reaction 自由基反应，*游离基反应 03.013

freezing crystallization 冷冻结晶 04.023

freezing dehydration 冷冻脱水 04.041

Friedel-Crafts reaction 弗里德-克拉夫茨反应 03.075

front-end de-ethanization process 前脱乙烷工艺 04.340

front-end de-propanization and hydrogenation process 前脱丙烷前加氢工艺 04.342

front-end de-propanization process 前脱丙烷工艺 04.341

front-end hydrogenation process 前加氢工艺 04.338

FT 流动温度 02.249

fuel balance 燃料平衡 04.090

fuel gas 燃料气 02.230

fuel ratio 燃料比 04.538

full range［pyrolysis gasoline selective］hydrogenation process 全馏分加氢工艺 04.347

furan 呋喃 02.200

furanidine *呋喃烷 02.201

furfural 糠醛 02.199

fusibility of coal ash 煤灰熔融性 02.245

G

gasification rate 气化率，*产气率，*煤气产率 04.535

gasifier 气化炉 04.550

gas-liquid separation 气液分离 04.004

gas mixer 气体混合器 04.221

gasoline fractionator 汽油分馏塔 04.335

gasoline stripping column 汽油汽提塔 04.334

gas-phase alkylation process to ethylbenzene 气相烷基化制乙苯工艺 04.395

gas separation tower 气体分离塔 04.207

gas to acetylene process by Wulff method 乌尔夫法制乙炔工艺 04.614

gas to acetylene process via electric arc method 电弧法制乙炔工艺 04.591

gas to acetylene process via plasma method 等离子法制乙炔工艺 04.577

gas to liquid 天然气合成油 04.576

gear shaped catalyst 齿形催化剂 03.198

GK cracking furnace GK 型裂解炉 04.324

glycolaldehyde 乙醇醛 02.086

glycolic acid 乙醇酸 02.085

graded pulping process 级配制浆工艺 04.479

grader 分级机，*分级器 04.562

grain grading 粒度级配，*颗粒级配 04.544

graphene 石墨烯 03.172

graphite 石墨 03.167

Gray-King index 格-金指数 04.545

green chemical process 绿色化工过程 01.009

green oil 绿油 02.004

green oil removal process 绿油脱除工艺 04.426

grid plate 箅子板 04.293

group composition 族组成，*PONA 值 02.016

Grubbs catalyst 格拉布催化剂 03.162

guard bed 保护床 04.568

H

halogenated mercaptan 卤代硫醇 02.082

halogenated thio-ether 卤代硫醚 02.095

halogenation reaction 卤化反应 03.045

halohydrocarbon 卤代烃 02.059

harden 板结 03.111

HCC process *HCC 工艺 04.359

HDI 六亚甲基二异氰酸酯 02.148

HDS process *HDS 工艺 04.510

heavy aromatics 重芳烃 02.184

heavy aromatics lightening process 重芳烃轻质化工艺 04.390

heavy aromatics transalkylation process 重芳烃烷基转移

工艺 04.391

heavy component 重组分 04.056

heavy oil catalytic pyrolysis process 重油催化热裂解工艺, *重油催化裂化工艺 04.358

heavy oil contact cracking process 重油直接接触裂解工艺 04.359

β-H elimination reaction β-H 消除反应 03.100

hemispherical temperature 半球温度 02.248

heteroatom zeolite 杂原子分子筛 03.147

heterogeneous catalyst 多相催化剂, *非均相催化剂 03.191

heteropolyacid 杂多酸 03.194

hexamethylene diisocyanate 六亚甲基二异氰酸酯 02.148

hexane 己烷 02.035

hexane diacid 己二酸, *肥酸 02.122

hexane diamine 己二胺 02.161

hexanedinitrile 己二腈 02.194

high flux heat exchanger 高通量管换热器 04.247

high selective tube cracking furnace 高选择性炉管裂解炉 04.318

high temperature pipe furnace 高温管式炉 04.561

homogeneous catalyst 均相催化剂 03.190

homogeneous catalyst system 均相催化体系 03.189

homogeneous catalytic system 均相催化体系 03.189

horizontal tube cracking furnace 水平管箱式炉 04.326

horizontal fixed bed reactor 卧式固定床反应器 04.123

horizontal multi-stage epoxidation reactor 水平多级环氧化反应器 04.435

horizontal water-cooling reactor 卧式水冷反应器 04.130

hot briquetting process 热压成型工艺 04.466

hot drum drying process 热风滚筒干燥工艺 04.471

hot potassium carbonate process 热钾碱法工艺 04.514

hot pressing dehydration process 热压脱水工艺 04.474

hot spot temperature 热点温度 03.138

HPPO process *HPPO 工艺 04.434

HT 半球温度 02.248

hydration reaction 水合反应 03.048

hydraulic ash sluicing 水力除灰 04.532

hydraulic washing column 水力型洗涤塔 04.187

hydrocarbon 碳氢化合物, *烃 02.019

hydrocarbon partial pressure 烃分压 02.017

hydrocarbon steam reforming 烃类水蒸气转化, *烃类水蒸气重整 03.107

hydrochlorination reaction 氢氯化反应 03.063

hydrocracking gas 加氢裂化气 02.233

hydrocyanation reaction 氢氰化反应 03.056

hydrodesulfurization process 加氢脱硫工艺 04.510

hydroformylation reaction 氢甲酰化反应, *醛化反应 03.058

hydrogenation reaction 加氢反应, *氢化反应 03.039

hydrogen cyanide 氢氰酸, *氰化氢 02.196

hydrogenolysis reaction 氢解反应 03.094

hydrogen peroxide to propylene oxide process 过氧化氢法制环氧丙烷工艺 04.434

hydrogen selective permeation packed bed membrane reactor 氢选择渗透填充床膜反应器 04.144

hydrolysis reaction 水解反应 03.093

hydroxy-acetaldehyde *羟基乙醛 02.086

hydroxy-acetic acid *羟基乙酸 02.085

hydroxybenzene 酚 02.096

hydroxylamine 羟胺 02.165

I

imide 酰亚胺 02.157

imidodicarbonic diamide *二酰亚胺 02.157

impinging jet mixer 撞击射流混合器 04.225

impinging stream mixer 撞击射流混合器 04.225

improved process of acetylene and formaldehyde to 1, 4-butanediol 炔醛法制取 1,4-丁二醇工艺 04.587

indene 茚 02.188

industrial demonstration plant 工业示范装置 04.107

inert ceramic membrane reactor 惰性陶瓷膜反应器 04.146

inert membrane reactor 惰性膜反应器 04.142

inorganic membrane catalytic dehydrogenation process 无机膜催化脱氢工艺 04.375

insertion reaction 插入反应 03.076

instrument air 仪表空气 04.103

intermediate 中间体 01.017

internal-loop airlift reactor 内循环气升式反应器 04.137

internal olefin 内烯烃 02.040

ion exchange processor 离子交换处理器 04.209

ion exchange resin catalyst *离子交换树脂催化剂 03.196

ionic liquid 离子液体 03.168

irregular catalyst 异形催化剂 03.201

isoalkane 异构烷烃 02.026

isoamylene 异戊烯 02.051

isobutane dehydrogenation to isobutene process 异丁烷脱氢制异丁烯工艺 04.374

isobutane selective oxidation to methacrylic acid process 异丁烷选择性氧化制甲基丙烯酸工艺 04.454

iso-butanol 异丁醇 02.071

isobutene 异丁烯 02.048

iso-butyl alcohol 异丁醇 02.071

isocyanate 异氰酸酯 02.145

isomerization reaction 异构化反应 03.082

isoparaffin 异构烷烃 02.026

isophthalic acid 间苯二甲酸,*间酞酸 02.127

isoprene 异戊二烯 02.052

isopropyl acetate 乙酸异丙酯,*醋酸异丙酯 02.140

isopropylbenzene 异丙苯 02.180

isothermal fixed bed reactor 等温固定床反应器 04.119

isothermal reactor 等温反应器 04.109

isothermal shift process 等温变换工艺 04.497

J

jacketed crystallizer 套管结晶器 04.196

jet mixing 射流混合 04.053

jet pump 喷射泵,*射流泵,*喷射器 04.240

jet reactor 射流反应器 04.136

Johnson screen 约翰逊网,*条缝筛网 04.289

K

KA oil oxidation to adipic acid process KA 油氧化制己二酸工艺 04.458

kaolin 高岭土 03.164

ketone 酮 02.109

kinetic cracking severity 动力学裂解深度,*动力学裂解深度函数 04.365

kinetic severity function 动力学裂解深度,*动力学裂解深度函数 04.365

knockout drum 分离罐 04.204,分液罐 04.270

KSF 动力学裂解深度,*动力学裂解深度函数 04.365

L

lactone 内酯 02.132

large capacity tube cracking furnace 大容量炉管裂解炉 04.317

lateral line separator 侧线分离器 04.288

late-transition metal catalyst 后过渡金属催化剂 03.184

lattice oxygen 晶格氧 03.125

lattice oxygen oxidation reaction 晶格氧氧化反应 03.030

LCO 轻循环油 02.003

LCO to aromatics process *LCO 制芳烃工艺 04.394

life water supply system 生活给水系统 04.279

light component 轻组分 04.055

light component removal column 脱轻组分塔 04.177

light cycle oil 轻循环油 02.003

light cycle oil to aromatics process 轻循环油制芳烃工艺 04.394

light hydrocarbon 轻烃 02.020

light hydrocarbon aromatization process 轻烃芳构化工艺 04.393

light olefin 低碳烯烃 02.038

light paraffin dehydrogenation technology 轻烃脱氢技术 04.337

lignite 褐煤 02.212

linear velocity 线速度 04.060

liner olefin 直链烯烃,*正构烯烃 02.041

liquefier 液化器 04.276

liquid distributor 液体分配器 04.216

liquid level monitoring system 液位监测系统 04.287

liquid-phase alkylation process to ethylbenzene 液相烷基化制乙苯工艺 04.396

liquid phase catalytic alkylation to cumene process 液相催化烷基化制异丙苯工艺 04.416

liquid ring booster pump 液环升压泵 04.242

liquid ring pump 液环升压泵 04.242

liquid separator 分液罐 04.270

load 装置负荷 04.074

lock hopper 闭锁式料斗，*锁斗 04.570

LRT cracking furnace LRT 型裂解炉 04.323

LSCC furnace Pyrocrack 裂解炉 04.321

lump coal 块煤 02.208

L zeolite L 型分子筛 03.150

M

MAA 甲基丙烯酸，*异丁烯酸 02.120

magnetically stabilized bed reactor 磁稳定床反应器 04.128

main distillation column 主精馏塔 04.166

main reaction 主反应 03.002

main rectifying column 主精馏塔 04.166

maleic anhydride 顺丁烯二酸酐，*顺酐，*马来酸酐 02.129

maleic anhydride direct hydrogenation to γ-butyrolactone process 顺酐直接加氢制 γ-丁内酯工艺 04.457

mass balance 物料平衡 04.087

material balance 物料平衡 04.087

MDI 二苯基甲烷二异氰酸酯 02.147

measuring tank 配料槽 04.272

mechanical washing column 机械型洗涤塔 04.186

melt crystallization process for p-xylene separation 对二甲苯熔融结晶分离工艺 04.389

melting bed gasifier 熔融床气化炉 04.551

melting granulation 熔融造粒 04.044

melting pot 熔融罐 04.268

membrane absorption 膜吸收 04.007

membrane separation 膜分离 04.006

membrane water wall gasifier 水冷壁气化炉，*冷壁式气化炉 04.559

mercaptan 硫醇 02.081

mesoporous molecular sieve 介孔分子筛 03.152

metal carbene 金属卡宾 03.131

metal carbonyl catalyst 羰基金属催化剂 03.180

metal film 金属膜 04.153

metallic catalyst 金属基催化剂 03.177

metallic membrane 金属膜 04.153

metal membrane 金属膜 04.153

metal oxide catalyst 金属氧化物催化剂 03.183

metal salt catalyst 金属盐催化剂 03.195

metathesis reaction 复分解反应 03.095

meta-xylene 间二甲苯 02.178

methacrylate 甲基丙烯酸酯 02.137

methacrylic acid 甲基丙烯酸，*异丁烯酸 02.120

methanal 甲醛，*蚁醛 02.107

methanation reaction 甲烷化反应 03.106

methane 甲烷，*沼气 02.029

methane expander 甲烷膨胀机，*甲烷透平膨胀压缩机 04.264

methane oxidation to syngas process 甲烷氧化制合成气工艺 04.578

methane oxidative coupling process 甲烷氧化偶联工艺 04.612

methane oxidative coupling to olefin process 天然气氧化偶联制烯烃工艺 04.611

methane oxychlorination to chlorinated methane process 甲烷氧氯化制甲烷氯化物工艺 04.615

methane photochlorination to chlorinated methane process 甲烷光氯化制甲烷氯化物工艺 04.594

methane thermal chlorination to chlorinated methane process 甲烷热氯化制甲烷氯化物工艺 04.609

methane to acetic acid process 甲烷制乙酸工艺 04.616

methane turbine expander 甲烷膨胀机，*甲烷透平膨胀压缩机 04.264

methanol 甲醇，*木醇，*木精 02.068

methanol ammoniation to methylamine process 甲醇氨化制甲胺工艺 04.596

methanol and formaldehyde condensation to ethylene glycol process 甲醇与甲醛缩合制乙二醇工艺 04.602

methanol carbonylation to acetic acid process 甲醇羰基化制乙酸工艺 04.522

methanol carbonylation to methyl carbonate process 甲醇

羰基化制碳酸二甲酯工艺 04.598

methanol carbonylation to methyl formate process 甲醇羰基化制甲酸甲酯工艺 04.597

methanol carbonylation to vinyl acetate process 甲醇羰基化制乙酸乙烯工艺 04.524

methanol chemical industry 甲醇化工 01.007

methanol dehydration to dimethyl ether process 甲醇脱水制二甲醚工艺 04.517

methanol dehydrogenation to methyl formate process 甲醇脱氢制甲酸甲酯工艺 04.600

methanol esterification to methyl formate process 甲醇酯化制甲酸甲酯工艺 04.603

methanol gasoline 甲醇汽油 02.218

methanol homologation to ethanol process 甲醇同系化制乙醇工艺, *甲醇还原羰基化 04.599

methanol oxidation to formaldehyde process 甲醇氧化制甲醛工艺 04.601

methanol synthesis process 甲醇合成工艺 04.498

methanol to chloromethane process 甲醇制氯甲烷工艺 04.605

methanol to gasoline process 甲醇制汽油工艺 04.520

methanol to olefins process 甲醇制烯烃工艺 04.519

methanol to propylene process 甲醇制丙烯工艺 04.521

2-methoxy-2-methylpropane 甲基叔丁基醚 02.091

methyl acetate 乙酸甲酯, *醋酸甲酯 02.138

methylamine 甲胺 02.159

methylation 甲基化 03.080

methylcyanide *甲基氰 02.193

methylene diphenyl diisocyanate 二苯基甲烷二异氰酸酯 02.147

methyl ethyl ketone 甲乙酮, *2-丁酮 02.112

methyl glycollate 乙醇酸甲酯 02.088

methyl nitrite 亚硝酸甲酯 02.143

methyl tert-butyl ether 甲基叔丁基醚 02.091

methyl tertiary butyl ether 甲基叔丁基醚 02.091

MFI zeolite MFI 结构分子筛 03.153

micro-channel reactor 微通道反应器 04.139

microsphere catalyst 微球形催化剂 03.199

millisecond cracking furnace 毫秒裂解炉 04.322

minimal fluidization velocity 最小流化速度 04.542

mixed refrigerant compressor 混合冷剂压缩机 04.265

molecular sieve dryer 分子筛干燥器 04.233

molecular sieve modification 分子筛修饰 03.140

molten bath gasification process 熔融床气化工艺 04.482

molten bath gasifier *熔池气化炉 04.551

molten salt circulating heat exchange 循环熔盐换热 04.050

monocyclic aromatic hydrocarbon 单环芳烃 02.169

monohydric alcohol 一元醇 02.067

monoolefin 单烯烃 02.044

MOR zeolite MOR 结构分子筛 03.154

mould coal 型煤 02.207

m-phthalic acid 间苯二甲酸, *间酞酸 02.127

MTBE 甲基叔丁基醚 02.091

MTO process *MTO 工艺 04.519

MTP process *MTP 工艺 04.521

multi-cyclone separator 多级旋风分离器 04.239

multi-effect distillation column 多效精馏塔 04.172

multilayer agitator 多层搅拌釜 04.219

multipipe acetylene reactor 多管乙炔反应炉 04.622

multi-pipe gas distributor 多管式气体分布器 04.211

multiple paths coil 多程炉管 04.332

multistage axial fixed bed reactor 多段轴向固定床反应器, *多层轴向固定床反应器, *层式反应器 04.117

multistage distillation *多级蒸馏 04.028

multistage flash 多级闪蒸, *多级闪急蒸发 04.036

multi-tube acetylene reactor 多管乙炔反应炉 04.622

multitubular fixed bed reactor 列管式固定床反应器, *固定床列管反应器 04.114

MWW zeolite MWW 结构分子筛 03.155

MX 间二甲苯 02.178

N

n-alkane 正构烷烃, *直链烷烃 02.025

nanocatalyst 纳米催化剂 03.169

nanodiamond 纳米金刚石 03.171

naphthalene 萘 02.189

naphthalene fluidized bed oxidation to phthalic anhydride process 萘流化床氧化制苯酐工艺 04.437

natural gas 天然气 02.226

natural gas chemical industry 天然气化工 01.004

natural gas conversion process 天然气转化工艺，*天然气制合成气工艺 04.574

[natural] gas hydrate 天然气水合物，*可燃冰 02.221

natural gas to hydrocyanic acid process 天然气制氢氰酸工艺 04.613

NaY zeolite NaY 分子筛 03.145

n-butyl alcohol 正丁醇 02.070

NES molecular sieve NES 结构分子筛 03.157

neutralization reaction 中和反应 03.053

neutralization reactor 中和釜 04.138

neutralizer 中和剂 03.220

NFM *N*-甲酰吗啉，*4-甲酰基吗啉 03.222

N-formylmorpholine *N*-甲酰吗啉，*4-甲酰基吗啉 03.222

nitrating agent 硝化剂 03.218

nitration of natural gas to nitromethane process 天然气硝化制甲烷硝化物工艺 04.610

nitration reaction 硝化反应 03.042

nitrile 腈 02.192

nitrobenzene 硝基苯 02.172

nitrogen arc plasma coal pyrolysis 氮电弧等离子体煤热解 04.503

nitrogen-sealed tank 氮封罐 04.273

nitrophenol 硝基苯酚，*硝基酚 02.099

nitrosation reaction 亚硝化反应 03.043

N-methyl pyrrolidone *N*-甲基吡咯烷酮，*1-甲基-2-吡咯烷酮 03.223

NMP *N*-甲基吡咯烷酮，*1-甲基-2-吡咯烷酮 03.223

N, *N*-dimethylformamide *N*, *N*-二甲基甲酰胺，*二甲基甲酰胺 02.156

noble metal supported catalyst 贵金属负载型催化剂 03.178

non-ammonium sulfate to acrylonitrile process 无硫铵丙烯腈生产工艺 04.411

non-catalytic partial oxidation of methane to acetylene process 甲烷非催化部分氧化法制乙炔工艺，*天然气部分氧化热裂解制乙炔工艺 04.586

non-condensable gas 不凝气 04.081

non condensible component 不可凝组分 04.080

normal alkene 直链烯烃，*正构烯烃 02.041

normal-butanol 正丁醇 02.070

normal olefin 直链烯烃，*正构烯烃 02.041

normal paraffin 正构烷烃，*直链烷烃 02.025

nozzle 喷嘴 04.294

nuclear waste gasification process 核能余热气化工艺 04.487

nucleophile 亲核试剂，*亲核体 03.214

nucleophilic addition reaction 亲核加成反应 03.036

nucleophilic reaction 亲核反应 03.009

nucleophilic reagent 亲核试剂，*亲核体 03.214

nucleophilic substitution reaction 亲核取代反应 03.073

O

oblique hole tray 斜孔塔盘 04.158

octanol 辛醇 02.074

octyl alcohol 辛醇 02.074

oil absorption and separation technology 油吸收分离技术 04.311

oil circulating heat exchange 导热油换热 04.051

oil equivalent 油当量 04.548

oil field gas 油田气 02.222

oil fired boiler 燃油锅炉 04.259

olefin 烯烃 02.037

olefine acid 烯酸 02.118

olefine aldehyde hydrogenation process 烯醛加氢工艺 04.424

olefinic acid 烯酸 02.118

olefin metathesis technology 烯烃复分解技术 04.367

olefin oligomerization to α-olefins process 烯烃齐聚制 α-烯烃工艺 04.439

olefin production technology 烯烃生产技术 04.305

oligomerization reaction 低聚反应 03.091

omega zeolite Ω 分子筛 03.139

OMT 烯烃复分解技术 04.367

one-path coil 单程炉管 04.330

one step Gulf process *Gulf 一步法工艺 04.440

one step Ziegler process 齐格勒一步法 04.440

online-cleaning process 在线清堵工艺 04.427

operation cycle 运转周期 04.075

operation flexibility 操作弹性 04.076

o-phthalic acid 邻苯二甲酸，*邻酞酸 02.124

organic compound 有机化合物 01.010

organic raw material 有机原料 01.012

ortho-xylene 邻二甲苯 02.177

OX 邻二甲苯 02.177

oxidant 氧化剂 03.209

oxidation reaction 氧化反应 03.027

oxidative coupling reaction of methane 甲烷氧化偶联反应 03.034

oxidative dehydrogenation reaction 氧化脱氢反应 03.032

oxidizer 氧化剂 03.209

oximation reaction 肟化反应 03.065

oxime 肟 02.113

oxirane 环氧乙烷，*氧化乙烯 02.102

oxo synthesis 羰基化反应 03.061

oxychlorination reaction 氧氯化反应 03.064

oxygen coal ratio 氧煤比 04.539

oxygen content in tail-gas 尾氧含量 04.083

oxygen to coal ratio 氧煤比 04.539

oxygen vacancy 氧缺位，*氧空位 03.127

o-xylene fixed bed oxidation to phthalic anhydride process 邻二甲苯固定床氧化制苯酐工艺 04.436

P

packed column 填料塔 04.155

packing 填料 04.156

PAHs 稠环芳烃 02.187

palladium based membrane 钯基膜 04.150

palladium membrane reactor 钯膜反应器 04.145

palladium on carbon catalyst 钯碳催化剂 03.192

palladium on charcoal catalyst 钯碳催化剂 03.192

paraffin 烷烃 02.024

paraffin hydrocarbon 链烷烃 02.028

para-xylene 对二甲苯 02.176

particle size 粒径 03.115

particle size distribution 粒径分布 03.116

passivator 钝化剂 03.213

peat 泥煤，*泥炭 02.211

pentane 戊烷 02.034

perovskite membrane reactor 钙钛矿型膜反应器 04.149

petrochemical industry 石油化工 01.002

petrochemicals 石油化学品 01.016

phase separator 分相器 04.208

phase splitter 分相器 04.208

phase transfer catalyst 相转移催化剂 03.187

phenol 酚 02.096；苯酚，*石炭酸 02.097

phenyl hydroxide 苯酚，*石炭酸 02.097

phosgenation reaction 光气化反应 03.062

phosgene 碳酰氯，*光气 02.151

photocatalytic reaction 光催化反应 03.011

photochemical reaction 光化学反应 03.015

phthalic anhydride 邻苯二甲酸酐，*苯酐，*酞酐 02.130

physical absorption process 物理吸收过程 04.034

physical purification process 物理净化工艺 04.506

pickling column 酸洗塔 04.190

pilot plant 中试装置 04.106

plant air 工厂空气 04.102

plasma gasification process 等离子体气化工艺 04.485

pneumatic dryer 气流干燥机 04.235

pneumatic drying 气流干燥 04.049

polyalkylaromatics 多烷基芳烃 02.181

polycarboxylic acid 多元酸 02.121

polycyclic aromatic hydrocarbons 稠环芳烃 02.187

polyene hydrocarbon 多烯烃 02.055

polyethylbenzenes transalkylation process 多乙苯烷基转移工艺 04.404

polyhydric alcohol 多元醇 02.077

polyol 多元醇 02.077

pore former 造孔剂 03.207

pore forming agent 造孔剂 03.207

pore size 孔径，*孔道尺寸 03.117

pore structure 孔结构 03.118

porous membrane reactor 多孔膜反应器 04.148

porous ring tube type gas distributor 多孔环管式气体分布器 04.213

powder separator 粉末分离器 04.206

pre-distillation column 预精馏塔 04.165

pre-drying process 预干燥工艺 04.470

preliminary drying process 预干燥工艺 04.470

pre-rectifying column 预精馏塔 04.165

pressure filter 压滤机 04.201

pressure monitoring system 压力监测系统 04.286

pressure swing adsorption 变压吸附 04.015

pressure swing distillation 变压精馏 04.032

pressurized absorption process 加压吸收工艺 04.425

process condensate 工艺凝液 04.099

production water supply system 生产给水系统 04.280

progressive separation 渐进分离 04.010

propane 丙烷 02.032

propane ammoxidation to acrylonitrile process 丙烷氨氧化制丙烯腈工艺 04.412

propane dehydrogenation to propylene process 丙烷脱氢制丙烯工艺 04.368

1,3-propanediol 1,3-丙二醇 02.079

propene 丙烯 02.046

propylene 丙烯 02.046

propylene ammoxidation to acrylonitrile process 丙烯氨氧化制丙烯腈工艺 04.407

propylene hydroformylation to butyraldehyde process 丙烯氢甲酰化合成丁醛工艺 04.588

propylene oxidation to acrylic acid process 丙烯氧化制丙烯酸工艺 04.445

propylene oxide 环氧丙烷，＊氧化丙烯 02.103

proximate analysis 工业分析，＊近似分析，＊组分分析 02.239

PSA 变压吸附 04.015

pulverized coal 粉煤 02.210

pulverized coal gasification process 粉煤气化工艺 04.494

pulverized coal gasifier 粉煤气化炉 04.558

purification 提纯 04.043

PX 对二甲苯 02.176

p-xylene separation process 对二甲苯分离工艺 04.387

Pyrocrack cracking furnace Pyrocrack 裂解炉 04.321

pyrolysis gasoline 裂解汽油 02.001

pyrolysis of methane 甲烷裂解 04.608

pyrolysis parameter 裂解参数 04.361

pyrolysis property 裂解特性 04.360

pyrolysis reaction 热裂解反应，＊热裂化反应 03.019

pyrolytic cracking reaction 烃类蒸气裂解反应，＊蒸气裂解反应 03.021

Q

quench 急冷，＊激冷 04.052

quench boiler 急冷锅炉 04.260

quench chamber 激冷室 04.565

quencher 急冷器 04.251

quench ring 激冷环 04.291

quench system 急冷系统 04.355

quench type fixed bed reactor 冷激式固定床反应器 04.125

quench water 急冷液 04.100

R

radial fixed bed reactor 径向固定床反应器 04.118

radiant coil 辐射炉管 04.329

radiator 散热器 04.245

raffinate oil 抽余油 02.005

Raney nickel 骨架镍，＊雷尼镍 03.166

rare earth metal catalyst 稀土金属基催化剂 03.182

rate of gasification 气化率，＊产气率，＊煤气产率 04.535

raw coal 原煤，＊毛煤 02.204

[raw material and products] metering system 原料产品计量系统 04.285

reaction terminator 反应终止剂 03.212

reactive distillation column 反应精馏塔 04.169

reactivity of coal 煤的反应性 02.251

reaming effect 扩孔效应 03.132

rearrangement reaction 重排反应 03.070

reciprocating compressor 往复式压缩机，＊活塞式压缩机 04.263

recovery yield 回收率 04.064

rectification 精馏 04.028

rectisol process 低温甲醇洗工艺 04.509

recycle gas 循环气 04.082

recycle water 循环水 04.101

redox promoter 氧化还原促进剂 03.206

redox reaction 氧化还原反应 03.026

reducer 还原剂 03.210

reducing agent 还原剂 03.210

reductant 还原剂 03.210

reduction reaction 还原反应 03.028

refinery gas 炼厂气 02.231

refining 精制 04.042

reflux 回流 04.037

reflux drum 回流罐 04.269

reflux tank 回流罐 04.269

reformer 转化炉，*重整炉 04.621

refrigerant 冷冻剂 03.216

refrigeration duty 制冷量 04.092

refrigerator 冷冻机 04.258

regeneration column 再生塔 04.184

regeneration period 再生周期 03.114

regenerative cracking process 蓄热炉裂解工艺 04.308

residence time 停留时间 04.061

resin catalyst 树脂催化剂 03.196

reverse water-gas shift reaction 逆变换反应 03.105

RI 罗加指数 02.253

ring-opening cracking 开环裂解 03.024

ring-opening reaction 开环反应 03.087

riser reactor 提升管反应器 04.127

Roga index 罗加指数 02.253

rotary dryer 回转干燥器 04.234

rotary kiln 回转窑 04.236

rotary tube drying process 回转管式干燥工艺 04.472

rotary vacuum filter 转筒真空过滤机 04.202

rotating bed reactor 旋转床反应器 04.140

running period 运转周期 04.075

S

SAPO molecular sieves SAPO 系列分子筛 03.159

saponification reaction 皂化反应 03.060

saturated aliphatic hydrocarbon 饱和脂肪烃 02.023

saturated monoaldehyde 饱和一元醛 02.106

scraping-wall crystallizer 刮壁结晶器 04.199

screw compressor 螺杆[式]压缩机 04.261

sec-butanol 仲丁醇，*甲基乙基甲醇 02.072

sec-butyl alcohol 仲丁醇，*甲基乙基甲醇 02.072

sediment column 沉淀塔 04.194

selective cracking 选择性裂化 03.022

selective desulfurization process 选择性脱硫工艺 04.508

selective hydrogenation reaction 选择性加氢反应 03.040

selective toluene disproportionation process 选择性甲苯歧化工艺，*甲苯择形歧化工艺 04.382

self-circulation fixed bed reactor 自流循环固定床反应器 04.124

semi coke 兰炭 02.217

sensitive plate 灵敏[塔]板 04.160

separation process 分离工艺 04.003

sequential separation 顺序分离 04.011

settler 沉降器 04.200

settling column 沉淀塔 04.194

settling separation 沉降分离 04.012

shale gas 页岩气 02.219

shale oil 页岩油，*干酪根石油 02.220

shape-selective alkylation reaction 择形烷基化反应 03.079

shape-selective catalyst 择形催化剂 03.186

shape-selective effect 择形效应 03.133

shell and tube-type preheater 管壳式预热器 04.244

shift gas 变换气 02.229

side chain alkylation 侧链烷基化 03.078

side reaction 副反应 03.003

sieve plate mixer 筛板混合器 04.231

simulated moving bed 模拟移动床 04.185

simulated moving-bed adsorptive separation process 模拟移动床吸附分离工艺 04.388

single-effect distillation column 单效精馏塔 04.171

single furnace capacity 单炉生产能力 04.366

single path coil 单程炉管 04.330

single stage distillation 单级蒸馏 04.027

single stage hydrogenation process 单段床加氢工艺 04.353

single tube single hole countercurrent impinging stream mixer 单管单孔逆流撞击流混合器 04.222

sintered metal filter 烧结金属滤芯 04.297

skeleton density 骨架密度，*真实密度 03.119

slagability 结渣性 02.242

slag-bonding property 结渣性 02.242

slag crusher 破渣机，*碎渣机 04.573

slag pool 渣池 04.571

slag viscosity 灰黏度 02.243

slag viscosity-temperature characteristic 灰渣黏温特性 02.244

slurry bed reactor 浆态床反应器 04.131

slurry bubble column reactor 浆液泡罩塔式反应器 04.134

slurry performance 成浆性能 04.543

slurry property 成浆性能 04.543

sodium methoxide 甲醇钠, *甲氧基钠 02.084

softening temperature 软化温度 02.247

solid gas ratio 固气比 04.541

solid holdup 固含率 04.105

solid to gas ratio 固气比 04.541

solvent 溶剂 03.221

solvent absorption process 溶剂吸收工艺 04.014

solvent recovery 溶剂回收 04.045

space time 空时 04.062

space time yield 时空产率 04.069

space velocity 空速 04.063

Spam phenol process Spam 苯酚生产工艺 04.419

specific coal consumption 比煤耗 04.536

specific oxygen consumption 比氧耗 04.537

spherical catalyst 球形催化剂 03.200

spray column 喷淋塔 04.162

spray drying 喷雾干燥 04.047

SRT cracking furnace SRT 型裂解炉 04.319

ST 软化温度 02.247

static melt crystallization 静态熔融结晶 04.019

static melting crystallizer 静态熔融结晶器 04.198

steam balance 蒸汽平衡 04.089

steam coal ratio 蒸汽煤比 04.540

steam condensate 蒸汽凝液 04.098

steam cracking process 蒸汽热裂解工艺 04.310

steam cracking reaction 烃类蒸汽裂解反应, *蒸汽裂解反应 03.021

steam sootblower 蒸汽吹灰器 04.238

steam to coal ratio 蒸汽煤比 04.540

sterically hindered amine 空间位阻胺 02.164

steric effect 空间效应, *立体效应 03.134

styrene 苯乙烯 02.182

submerged slag conveyor 捞渣机 04.572

substitution reaction 取代反应 03.072

sulfolane 环丁砜 02.198

sulfonation reaction 磺化反应 03.050

sulfone 砜 02.197

sulfur melting tank 熔硫釜 04.569

sulfur recovery 硫回收 04.512

sulfur tolerant shift process 耐硫变换工艺 04.496

supercritical gasification process 超临界气化工艺 04.483

supercritical recovery 超临界回收 04.046

super distillation process 超精馏工艺, *精密精馏工艺 04.033

supported catalyst 负载[型]催化剂 03.173

swirl flame acetylene reactor 旋焰乙炔反应炉 04.623

sym-tetramethyl benzene *均四甲苯 02.183

synergy 协同效应 03.136

syngas 合成气 02.224

syngas chemical industry 合成气化工 01.006

syngas dearsenification 合成气脱砷 04.526

syngas purification process 合成气净化工艺 04.505

syngas to dimethyl ether process 合成气制二甲醚工艺 04.581

syngas to ethanol by indirect process 合成气间接法制乙醇工艺 04.584

syngas to ethanol by direct process 合成气直接法制乙醇工艺 04.583

syngas to ethylene glycol process 合成气制乙二醇工艺 04.525

syngas to light olefins process 合成气制低碳烯烃工艺 04.580

syngas to lower alcohol process 合成气制低碳醇工艺 04.515

syngas to methyl formate process 合成气制甲酸甲酯工艺 04.582

synthetic ammonia process 合成氨工艺 04.516

T

tableted catalyst 压片催化剂 03.203

tail gas washing column 尾气洗涤塔 04.191

tank 贮罐 04.266

tank reactor 釜式反应器, *槽式反应器, *罐式反应器 04.111

TDI 甲苯二异氰酸酯 02.146

temperature-decreased pressure reducer 减温减压器 04.566

temperature swing adsorption 变温吸附 04.016

template agent 模板剂，*导向剂 03.205

terephthalic acid 对苯二甲酸，*对酞酸 02.126

ternary refrigeration 三元制冷 04.357

terpene 萜烯 02.062

tert-butanol 叔丁醇 02.073

tert-butyl alcohol 叔丁醇 02.073

tetrahydrofuran 四氢呋喃 02.201

1,2,4,5-tetramethylbenzene 均四甲基苯 02.183

thermal compensator 热补偿器 04.250

thermal cracking process 热裂解工艺 04.307

thermal cracking reaction 热裂解反应，*热裂化反应 03.019

thermo-cracking process 热裂解工艺 04.307

thin film catalyst 薄膜催化剂 03.197

thin film evaporation 薄膜蒸发 04.039

thin layer reactor 薄层床反应器 04.121

thioether 硫醚 02.094

thiophenol 硫酚 02.100

three-phase trickle bed *三相涓流床 04.129

Tischenko process *Tischenko 工艺 04.447

titanium silicon zeolite 钛硅分子筛 03.149

toluene 甲苯，*甲基苯 02.173

toluene diisocyanate 甲苯二异氰酸酯 02.146

toluene disproportionation process 甲苯歧化工艺 04.381

toluene side-chain alkylation process 甲苯侧链烷基化工艺 04.406

topped oil 拔头油 02.006

transalkylation process 烷基转移工艺 04.383

transalkylation reaction 烷基转移反应 03.081

transesterification reaction 酯交换反应 03.069

transport integrated gasifier 输运床气化炉 04.555

tray column 塔盘塔 04.157

trichloromethane 三氯甲烷 02.060

trickle bed 滴流床，*涓流床 04.129

triple heat exchanger 三联换热器 04.403

TSA 变温吸附 04.016

tube furnace cracking process 管式炉裂解工艺 04.309

tube-shell fixed-bed reactor 固定床管壳式反应器 04.122

tubular cracking furnace 管式裂解炉 04.316

tubular filter 管式过滤器 04.203

tubular fixed bed reactor 列管式固定床反应器，*固定床列管反应器 04.114

tubular furnace cracking process 管式炉裂解工艺 04.309

tubular preheater 管式预热器 04.248

tubular reactor 管式反应器 04.110

tubular reactor in chlorohydrination process 氯醇化管道反应器 04.431

twin cell 双[辐射段]炉膛 04.328

twisted tube 扭曲片炉管 04.333

two-paths coil 双程炉管 04.331

two-stage quench process 二级急冷工艺 04.314

two stages hydrogenation process 双段床加氢工艺 04.352

two steps Ziegler process 齐格勒两步法工艺 04.441

U

ultra-selective cracking furnace USC 型裂解炉 04.320

underground coal gasification process 地下煤气化工艺 04.486

unsaturated aliphatic hydrocarbon 不饱和脂肪烃 02.036

unsupported catalyst 非负载型催化剂 03.174

upflow adiabatic reactor 上流式绝热反应器 04.132

urea *脲 02.154

USC cracking furnace USC 型裂解炉 04.320

USY molecular sieves USY 系列分子筛，*超稳 Y 系列分子筛 03.146

utility 公用工程 04.084

V

vacuum distillate 减压馏分油，*减压瓦斯油 02.008

vacuum flash column 真空闪蒸塔 04.182

vacuum gas oil 减压馏分油，＊减压瓦斯油 02.008

Venturi tube gas mixer 文丘里管气体混合器 04.227

vertical axial flow pump 立式轴流泵 04.243

vertical tube cracking furnace 立管式裂解炉 04.327

VGO 减压馏分油，＊减压瓦斯油 02.008

vinyl acetate 乙酸乙烯酯，＊醋酸乙烯酯，＊醋酸乙烯 02.135

vinyl carbonate to ethylene glycol process 碳酸乙烯酯法制乙二醇工艺 04.415

vinyl chloride 氯乙烯 02.061

viscosity reducing tower 减黏塔 04.336

volume space velocity 体积空速 03.122

vortex plate 旋流板 04.161

W

waste heat 余热，＊废热 04.091

water balance 水平衡 04.088

water-bath vaporizer 水浴式气化器 04.274

water cooled heat exchanger 水冷换热器，＊水冷器 04.249

water cooling tower 水冷塔 04.254

water gas 水煤气 02.216

water-gas shift process 一氧化碳变换工艺 04.495

water-gas shift reaction 水煤气变换反应 03.104

water-hydrocarbon ratio 水烃比，＊稀释比 04.362

water scrubber 水洗塔，＊洗涤塔 04.188

water wall 水冷壁 04.567

water washing column 水洗塔，＊洗涤塔 04.188

wet gas 湿气 02.228

wet pulping process 湿法制浆工艺 04.477

X

xylene 二甲苯 02.175

xylene isomerization process 二甲苯异构化工艺，＊碳八芳烃异构化工艺 04.384

X zeolite X 型分子筛 03.142

13X zeolite 13X 分子筛 03.143

Y

yield 产率 04.066，收率 04.067

yield distribution 收率分布 04.070

yield per pass 单程收率 04.068

Y zeolite Y 型分子筛 03.144

Z

zeolite membrane 沸石膜 04.151

zeolite P P 型分子筛 03.158

汉 英 索 引

A

安息角　angle of rest　02.250

*安息香酸　benzoic acid　02.125

氨基甲酸酯　carbamate　02.149

氨解反应　ammonolysis reaction　03.097

氨肟化反应　ammoximation reaction　03.066

氨氧化反应　ammoxidation reaction　03.031

铵盐　ammonium salt　02.166

胺　amine　02.158

胺化反应　amination reaction　03.049

胺化剂　aminating agent　03.219

B

八面沸石　faujasite　03.141

拔头油　topped oil　02.006

钯基膜　palladium based membrane　04.150

钯膜反应器　palladium membrane reactor　04.145

钯碳催化剂　palladium on charcoal catalyst, palladium on carbon catalyst　03.192

*白煤　anthracite　02.214

板结　harden　03.111

*半焦　carbocoal　02.217

半焦收缩系数　contraction coefficient of char　04.547

半球温度　hemispherical temperature, HT　02.248

饱和一元醛　saturated monoaldehyde　02.106

饱和脂肪烃　saturated aliphatic hydrocarbon　02.023

保护床　guard bed　04.568

*北方炉　CBL cracking furnace　04.325

贝克曼重排　Beckmann rearrangement　03.071

苯　benzene　02.170

苯胺　aniline　02.163

*苯并环丙烯　benzocyclobenzene　02.188

苯酚　phenol, phenyl hydroxide　02.097

Spam 苯酚生产工艺　Spam phenol process　04.419

*苯酐　phthalic anhydride　02.130

苯加氢制环己烷工艺　benzene hydrogenation to cyclohexane process　04.449

苯甲酸　benzoic acid　02.125

苯乙烯　styrene　02.182

比煤耗　specific coal consumption　04.536

比氧耗　specific oxygen consumption　04.537

闭锁式料斗　lock hopper　04.570

篦子板　grid plate　04.293

变换气　shift gas　02.229

变温吸附　temperature swing adsorption, TSA　04.016

变形温度　deformation temperature, DT　02.246

变压精馏　pressure swing distillation　04.032

变压吸附　pressure swing adsorption, PSA　04.015

*表氯醇　epichlorohydrin　02.104

1,3-丙二醇　1,3-propanediol　02.079

丙炔和丙二烯后加氢工艺　back-end propyne and propadiene hydrogenation process　04.350

丙酮　acetone　02.111

丙酮氰醇制甲基丙烯酸甲酯工艺　acetone cyanohydrins to methyl methacrylate process　04.455

丙烷　propane　02.032

丙烷氨氧化制丙烯腈工艺　propane ammoxidation to acrylonitrile process　04.412

丙烷脱氢制丙烯工艺　propane dehydrogenation to propylene process　04.368

丙烯　propylene, propene　02.046

丙烯氨氧化制丙烯腈工艺　propylene ammoxidation to acrylonitrile process　04.407

丙烯腈　acrylonitrile　02.195

丙烯腈二聚-加氢制己二胺工艺　acrylonitrile dimerization-hydrogenation to 1,6-hexanediamine process　04.460

丙烯腈负压脱氰工艺　acrylonitrile negative-pressure removing hydrogen cyanide process　04.409

丙烯氢甲酰化合成丁醛工艺　propylene hydroformylation to butyraldehyde process　04.588

丙烯酸　acrylic acid　02.119

丙烯酸酯　acrylic ester　02.136

丙烯氧化制丙烯酸工艺　propylene oxidation to acrylic acid process　04.445

薄层床反应器　thin layer reactor　04.121

薄膜催化剂　thin film catalyst　03.197

薄膜蒸发　thin film evaporation　04.039

不饱和脂肪烃　unsaturated aliphatic hydrocarbon　02.036

不可凝组分　non condensible component　04.080

不凝气　non-condensable gas　04.081

C

仓泵　bin pump　04.241

*仓式泵　bin pump　04.241

操作弹性　operation flexibility　04.076

*槽式反应器　tank reactor　04.111

草酸二甲酯　dimethyl oxalate　02.144

侧链烷基化　side chain alkylation　03.078

侧线分离器　lateral line separator　04.288

*层式反应器　multistage axial fixed bed reactor　04.117

插入反应　insertion reaction　03.076

产率　yield　04.066

*产气率　gasification rate, rate of gasification　04.535

产物分布系数　distribution coefficient of product　04.071

超精馏工艺　super distillation process　04.033

超临界回收　supercritical recovery　04.046

超临界气化工艺　supercritical gasification process　04.483

*超稳 Y 系列分子筛　USY molecular sieves　03.146

沉淀塔　sediment column, settling column　04.194

沉降分离　settling separation　04.012

沉降器　disengager, settler　04.200

成浆性能　slurry property, slurry performance　04.543

齿形催化剂　gear shaped catalyst　03.198

重排反应　rearrangement reaction　03.070

*重整炉　reformer　04.621

抽提塔　extraction column　04.179

*抽提蒸馏　extractive distillation　04.030

抽余油　raffinate oil　02.005

稠环芳烃　polycyclic aromatic hydrocarbons, PAHs　02.187

除尘　dedusting　04.054

除尘设备　dedusting apparatus　04.237

*除气器　deaerator, deoxidiser　04.564

除氧器　deaerator, deoxidiser　04.564

*除氧水　deoxygenated water　04.096

穿透硫容　breakthrough sulfur capacity　03.137

床层压降　bed pressure drop　04.077

醇　alcohol　02.064

醇胺法酸性气体脱除工艺　alkanolamine process for sour gas removal　04.513

醇解反应　alcoholysis reaction　03.096

醇醚　alcohol ether　02.093

醇醛缩合　aldol condensation　03.090

醇盐　alcoholate, alkoxide　02.083

*瓷土　china clay　03.164

磁稳定床反应器　magnetically stabilized bed reactor　04.128

粗合成气　crude syngas　02.225

*醋酸　acetic acid　02.117

*醋酸甲酯　methyl acetate　02.138

*醋酸乙烯　vinyl acetate　02.135

*醋酸乙烯酯　vinyl acetate　02.135

*醋酸乙酯　ethyl acetate　02.139

*醋酸异丙酯　isopropyl acetate　02.140

*醋酸酯化制醋酸乙酯工艺　acetic acid esterification to ethyl acetate process　04.446

*醋酸酯制乙醇工艺　acetic ester to ethanol process　04.589

*醋酸制乙醇工艺　acetic acid to ethanol process　04.590

催化反应　catalytic reaction　03.010

催化剂　catalyst　03.108

催化剂寿命　catalyst lifetime　03.109

催化剂预处理　catalyst pretreatment　03.110

催化精馏　catalytic distillation　04.031

催化精馏加氢工艺　catalytic distillation hydrogenation process　04.351

催化精馏塔　catalytic distillation column　04.170

催化裂化气　catalytic cracking gas　02.232

催化气化工艺　catalytic gasification process　04.484

催化蒸馏制乙苯工艺　catalytic distillation process for the

production of ethylbenzene 04.397

催化蒸馏制异丙苯工艺 catalytic distillation to cumene process 04.417

萃取精馏 extractive distillation 04.030

*萃取塔 extraction column 04.179

错流过滤 cross-flow filtration 04.008

错流狭缝射流混合器 cross flow slot [jet] mixer 04.226

D

大容量炉管裂解炉 large capacity tube cracking furnace 04.317

大宗化学品 bulk chemicals 01.015

单程炉管 one-path coil, single path coil 04.330

单程收率 yield per pass 04.068

单段床加氢工艺 single stage hydrogenation process 04.353

单管单孔逆流撞击流混合器 single tube single hole countercurrent impinging stream mixer 04.222

单环芳烃 monocyclic aromatic hydrocarbon 02.169

单级蒸馏 single stage distillation 04.027

单炉生产能力 single furnace capacity 04.366

单烯烃 monoolefin 02.044

单效精馏塔 single-effect distillation column 04.171

氮电弧等离子体煤热解 nitrogen arc plasma coal pyrolysis 04.503

氮封罐 nitrogen-sealed tank 04.273

当量反应器长度 equivalent reactor length 04.303

当量反应器体积 equivalent reactor volume 04.302

导热油换热 oil circulating heat exchange 04.051

*导向剂 template agent 03.205

等离子法制乙炔工艺 gas to acetylene process via plasma method 04.577

等离子体气化工艺 plasma gasification process 04.485

等温变换工艺 isothermal shift process 04.497

等温反应器 isothermal reactor 04.109

等温固定床反应器 isothermal fixed bed reactor 04.119

低聚反应 oligomerization reaction 03.091

低碳烯烃 light olefin 02.038

低温甲醇洗工艺 rectisol process 04.509

滴流床 trickle bed 04.129

第尔斯-阿尔德反应 Diels-Alder reaction 03.038

地下煤气化工艺 underground coal gasification process 04.486

电弧法制乙炔工艺 gas to acetylene process via electric arc method 04.591

*电石气 acetylene 02.058

电子效应 electronic effect 03.135

1,4-丁二醇 1,4-butanediol, BDO 02.080

丁二烯 butadiene 02.050

丁二烯抽提工艺 butadiene extraction process 04.369

γ-丁内酯 γ-butyrolactone 02.133

*2-丁酮 methyl ethyl ketone 02.112

丁烷 butane 02.033

丁烷催化脱氢工艺 butane catalytic dehydrogenation process 04.373

丁烯 butene 02.047

丁烯催化脱氢工艺 butene catalytic dehydrogenation process 04.372

丁烯二酸 butenedioic acid 02.123

丁烯氧化脱氢工艺 butene catalytic oxidative dehydrogenation process 04.371

丁烯氧化制乙酸工艺 butylene oxidation to acetic acid process 04.592

动力学裂解深度 kinetic cracking severity, kinetic severity function, KSF 04.365

*动力学裂解深度函数 kinetic cracking severity, kinetic severity function, KSF 04.365

动态混合器 dynamic mixer 04.218

*断链反应 chain termination reaction 03.007

对苯二甲酸 terephthalic acid 02.126

对二甲苯 para-xylene, PX 02.176

对二甲苯分离工艺 p-xylene separation process 04.387

对二甲苯熔融结晶分离工艺 melt crystallization process for p-xylene separation 04.389

*对酞酸 terephthalic acid 02.126

钝化剂 passivator 03.213

多层搅拌釜 multilayer agitator 04.219

*多层轴向固定床反应器 multistage axial fixed bed reactor 04.117

多程炉管 multiple paths coil 04.332

多段轴向固定床反应器 multistage axial fixed bed reactor 04.117

多管式气体分布器 multi-pipe gas distributor 04.211

多管乙炔反应炉 multi-tube acetylene reactor, multipipe acetylene reactor 04.622

*多级闪急蒸发 multistage flash 04.036

多级闪蒸 multistage flash 04.036

多级旋风分离器 multi-cyclone separator 04.239

*多级蒸馏 multistage distillation 04.028

多孔环管式气体分布器 porous ring tube type gas distributor 04.213

多孔膜反应器 porous membrane reactor 04.148

多烷基芳烃 polyalkylaromatics 02.181

多烯烃 polyene hydrocarbon 02.055

多相催化剂 heterogeneous catalyst 03.191

多效精馏塔 multi-effect distillation column 04.172

多乙苯烷基转移工艺 polyethylbenzenes transalkylation process 04.404

多元醇 polyhydric alcohol, polyol 02.077

多元酸 polycarboxylic acid 02.121

惰性膜反应器 inert membrane reactor 04.142

惰性陶瓷膜反应器 inert ceramic membrane reactor 04.146

E

蒽 anthracene 02.191

二苯基甲烷二异氰酸酯 methylene diphenyl diisocyanate, MDI 02.147

*二苯基碳酸酯 diphenyl carbonate, DPC 02.142

二级急冷工艺 two-stage quench process 04.314

二甲苯 xylene 02.175

二甲苯异构化工艺 xylene isomerization process 04.384

N,N-二甲基甲酰胺 N,N-dimethylformamide, DMF 02.156

*二甲基甲酰胺 N,N-dimethylformamide, DMF 02.156

*二甲基醚 dimethyl ether, DME 02.090

二甲基萘 dimethyl naphthalene 02.190

二甲醚 dimethyl ether, DME 02.090

二甲醚制低碳烯烃工艺 dimethyl ether to light olefins process 04.585

*二聚环戊二烯 dicyclopentadiene 02.054

二氯乙烷 dichloroethane 02.031

*1,4-二氰基丁烷 1,4-dicyanobutane 02.194

二烯烃 diene, diolefin, alkadiene 02.049

*二酰亚胺 imidodicarbonic diamide 02.157

二氧化碳转化工艺 carbon dioxide conversion process 04.579

*二乙醚 diethyl ether 02.092

二元制冷 binary refrigeration 04.356

F

反冲洗 backflushing, backwashing 04.040

反应精馏塔 reactive distillation column 04.169

反应终止剂 reaction terminator 03.212

芳构化 aromatization 03.084

*芳醛 aryl aldehyde 02.108

芳烃 arene, aromatic hydrocarbon 02.168

芳烃抽提工艺 aromatics extraction process 04.378

芳烃抽提蒸馏工艺 aromatics extraction and distillation process 04.380

芳烃联合装置 aromatics complex 04.377

芳烃液液抽提工艺 aromatics liquid-liquid extraction process 04.379

*芳烃指数 bureau of mines correlation index 02.015

芳香胺 aromatic amine 02.162

芳香醇 aromatic alcohol 02.066

芳香化合物 aromatic compound 02.167

芳香醛 aryl aldehyde 02.108

飞灰取样器 fly ash sampler 04.292

非负载型催化剂 unsupported catalyst 03.174

非晶态合金 amorphous alloy 03.161

*非均相催化剂 heterogeneous catalyst 03.191

*非质子传递溶剂 aprotic solvent 03.224

非质子溶剂 aprotic solvent 03.224

*肥酸 hexane diacid, adipic acid 02.122

*废热 waste heat 04.091

沸石膜 zeolite membrane 04.151

*沸腾床反应器 fluidized bed reactor 04.126

沸腾淤浆搅拌器 boiling slurry agitator 04.220

费-托反应 Fischer-Tropsch reaction 03.067

分壁式精馏塔 dividing wall column 04.174

分布器　distributor　04.210

分级机　grader　04.562

＊分级器　grader　04.562

分解反应　decomposition reaction　03.092

分离工艺　separation process　04.003

分离罐　knockout drum　04.204

分馏塔　fractionator　04.164

分凝分馏塔　condensating fractionating column　04.175

分散相　discrete phase, disperse phase　04.057

分相器　phase separator, phase splitter　04.208

分液罐　liquid separator, knockout drum　04.270

3A 分子筛　3A zeolite　03.151

13X 分子筛　13X zeolite　03.143

NaY 分子筛　NaY zeolite　03.145

Ω 分子筛　omega zeolite　03.139

分子筛干燥器　molecular sieve dryer　04.233

分子筛修饰　molecular sieve modification　03.140

酚　phenol, hydroxybenzene　02.096

粉煤　pulverized coal　02.210

＊粉煤成型工艺　briquetting process　04.465

粉煤气化工艺　pulverized coal gasification process
　04.494

粉煤气化炉　pulverized coal gasifier　04.558

粉末分离器　powder separator　04.206

砜　sulfone　02.197

呋喃　furan　02.200

＊呋喃烷　furanidine　02.201

弗里德-克拉夫茨反应　Friedel-Crafts reaction　03.075

氟化反应　fluorination reaction　03.046

浮阀式精馏塔　float valve distillation column　04.173

浮升器　aerostat　04.277

＊福尔马林　formalin　02.107

辐射炉管　radiant coil　04.329

釜式反应器　tank reactor　04.111

负载[型]催化剂　supported catalyst　03.173

复分解反应　metathesis reaction, double decomposition
　03.095

复合催化剂　composite catalyst　03.175

复合氧化物催化剂　composite oxide catalyst　03.176

副产品　by-product　01.018

副反应　side reaction　03.003

G

钙钛矿型膜反应器　perovskite membrane reactor
　04.149

干法熄焦　coke dry quenching　04.530

干法制浆工艺　dry pulping process　04.476

＊干酪根石油　shale oil　02.220

干气　dry gas　02.227

＊干熄焦　coke dry quenching　04.530

干燥剂　desiccant　03.208

干燥器　direct fired dryer, dryer　04.232

＊甘醇　ethylene glycol　02.078

高岭土　kaolin　03.164

高通量管换热器　high flux heat exchanger　04.247

高温管式炉　high temperature pipe furnace　04.561

高选择性炉管裂解炉　high selective tube cracking fur-
　nace　04.318

格-金指数　Gray-King index　04.545

格拉布斯催化剂　Grubbs catalyst　03.162

工厂空气　plant air　04.102

工业分析　proximate analysis　02.239

工业示范装置　industrial demonstration plant　04.107

＊CHP 工艺　CHP process　04.433

＊CPP 工艺　CPP process　04.358

＊CTO 工艺　CTO process　04.518

＊DCC 工艺　DCC process　04.306

＊HCC 工艺　HCC process　04.359

＊HDS 工艺　HDS process　04.510

＊HPPO 工艺　HPPO process　04.434

＊MTO 工艺　MTO process　04.519

＊MTP 工艺　MTP process　04.521

＊Tischenko 工艺　Tischenko process　04.447

工艺凝液　process condensate　04.099

公用工程　utility　04.084

共轭烯烃　conjugate alkene, conjugate olefin　02.056

共沸　azeotropy　04.038

共沸塔　azeotrope column　04.176

共沸精馏　azeotropic rectification　04.029

共结晶　cocrystallization　04.026

共结晶分子筛　cocrystal zeolite　03.160

＊共晶分子筛　cocrystal zeolite　03.160

共裂解反应　copyrolysis reaction　03.023

共气化　co-gasification　04.481
共熔结晶　eutectic crystallization　04.020
共氧化反应　co-oxidation reaction　03.029
共氧化制环氧丙烷工艺　co-oxidation to propylene oxide process　04.432
骨架铝　framework aluminum　03.165
骨架密度　skeleton density　03.119
骨架镍　Raney nickel　03.166
鼓泡固定床　bubbling fixed bed　04.120
鼓式干燥　drum drying　04.048
固定床反应器　fixed bed reactor　04.113
固定床管壳式反应器　tube-shell fixed-bed reactor　04.122
*固定床列管反应器　multitubular fixed bed reactor, tubular fixed bed reactor　04.114
固定床气化工艺　fixed bed gasification process　04.490
固定床气化炉　fixed bed gasifier　04.552
*固定床气相氧化催化工艺　fixed bed gas phase catalytic oxidation process　04.436
固含率　solid holdup　04.105
固气比　solid gas ratio, solid to gas ratio　04.541
刮壁结晶器　scraping-wall crystallizer　04.199

刮碳装置　carbon scraping device　04.624
关联指数　bureau of mines correlation index　02.015
管壳式预热器　shell and tube-type preheater　04.244
管式反应器　tubular reactor　04.110
管式过滤器　tubular filter　04.203
管式裂解炉　tubular cracking furnace　04.316
管式炉裂解工艺　tubular furnace cracking process, tube furnace cracking process　04.309
管式预热器　tubular preheater　04.248
*罐式反应器　tank reactor　04.111
光催化反应　photocatalytic reaction　03.011
光化学反应　photochemical reaction　03.015
*光气　phosgene, carbonyl chloride　02.151
光气合成碳酸二甲酯工艺　dimethyl carbonate synthesis by phosgene process　04.595
光气化反应　phosgenation reaction　03.062
贵金属负载型催化剂　noble metal supported catalyst　03.178
锅炉给水　boiler feed water　04.095
过氧化氢法制环氧丙烷工艺　hydrogen peroxide to propylene oxide process　04.434

H

毫秒裂解炉　millisecond cracking furnace　04.322
合成氨工艺　synthetic ammonia process　04.516
合成气　syngas　02.224
合成气化工　syngas chemical industry　01.006
合成气间接法制乙醇工艺　syngas to ethanol by indirect process　04.584
合成气净化工艺　syngas purification process　04.505
合成气脱砷　syngas dearsenification　04.526
合成气直接法制乙醇工艺　syngas to ethanol by direct process　04.583
合成气制低碳醇工艺　syngas to lower alcohol process　04.515
合成气制低碳烯烃工艺　syngas to light olefins process　04.580
合成气制二甲醚工艺　syngas to dimethyl ether process　04.581
合成气制甲酸甲酯工艺　syngas to methyl formate process　04.582
合成气制乙二醇工艺　syngas to ethylene glycol process　04.525
合金膜　alloy membrane, alloy film　04.152
合金膜催化剂　alloy membrane catalyst　03.188
核能余热气化工艺　nuclear waste gasification process　04.487
褐煤　lignite, brown coal　02.212
黑水　black water　02.238
*恒沸精馏　azeotropic rectification　04.029
横跨温度　cross-over temperature　04.363
*红煤　anthracite　02.214
后过渡金属催化剂　late-transition metal catalyst　03.184
后冷器　after-cooler　04.252
后脱丙烷工艺　back-end de-propanization process　04.346
后脱乙烷工艺　back-end de-ethanization process　04.344
*化工技术　chemical technology　04.001
化合水　chemical combined water　02.240
*化学变化　chemical reaction　03.001
化学反应　chemical reaction　03.001

化学工艺　chemical technology　04.001

化学净化工艺　chemical purification process　04.507

化学链气化工艺　chemical looping gasification process　04.488

化学品　chemicals　01.011

*化学生产技术　chemical technology　04.001

化学吸收过程　chemical absorption process　04.035

*化学作用　chemical reaction　03.001

还原反应　reduction reaction　03.028

还原剂　reductant, reducer, reducing agent　03.210

环丁砜　sulfolane　02.198

环管撞击流混合器　annular impinging stream mixer　04.223

环化　cyclization　03.086

环己酮氨肟化工艺　cyclohexanone ammoximation process　04.452

环己酮-羟胺制己内酰胺工艺　cyclohexanone and hydroxylamine to caprolactam process　04.451

环己酮肟　cyclohexanone oxime　02.114

环己酮肟重排制己内酰胺工艺　cyclohexanone oxime rearrangement to caprolactam process　04.453

环己烷氧化制环己酮工艺　cyclohexane oxidation to cyclohexanone process　04.450

环加成反应　cycloaddition reaction　03.037

环烷烃　cycloparaffin, cycloalkane　02.027

环戊二烯　cyclopentadiene　02.053

环烯烃　cycloolefin, cycloalkene　02.043

环隙错流混合器　annular cross flow mixer　04.229

环形分布器　annular-type distributor, circle distributor 04.214

环氧丙烷　propylene oxide　02.103

环氧化　epoxidation　03.088

环氧化[合]物　epoxide　02.101

环氧氯丙烷　epichlorohydrin　02.104

环氧乙烷　ethylene oxide, oxirane　02.102

环氧乙烷催化水合制乙二醇工艺　ethylene oxide catalytic hydration to ethylene glycol process　04.414

磺化反应　sulfonation reaction　03.050

灰黏度　slag viscosity　02.243

灰熔聚流化床气化炉　ash agglomerating fluidized bed coal gasifier　04.554

灰渣黏温特性　slag viscosity-temperature characteristic　02.244

回流　reflux　04.037

回流罐　reflux tank, reflux drum　04.269

回收率　recovery yield　04.064

回转干燥器　rotary dryer　04.234

回转管式干燥工艺　rotary tube drying process　04.472

回转窑　rotary kiln　04.236

混合冷剂压缩机　mixed refrigerant compressor　04.265

混合碳四　C_4 mixture　02.009

混合碳五　C_5 mixture　02.011

[混]配煤　blended coal　02.206

活化　activation　03.113

*活塞式压缩机　reciprocating compressor　04.263

[活性]白土　[active] clay　03.163

活性氧　active oxygen　03.124

活性组分　active composition　03.123

J

机械型洗涤塔　mechanical washing column　04.186

*积碳反应　carbon deposition reaction　03.017

*基本有机化工　basic organic chemical industry　01.001

基本有机化学工业　basic organic chemical industry　01.001

基本有机原料　basic organic raw material　01.013

基础化学品　basic chemicals　01.014

*激冷　quench, chill　04.052

激冷环　quench ring　04.291

激冷室　quench chamber　04.565

级配制浆工艺　graded pulping process　04.479

急冷　quench, chill　04.052

急冷锅炉　quench boiler　04.260

急冷器　quencher　04.251

急冷系统　quench system　04.355

急冷液　quench water, chilled water　04.100

集散型控制系统　distributed control system, DCS　04.283

集液槽　collecting tank　04.298

己二胺　hexane diamine　02.161

己二腈　hexanedinitrile　02.194

己二腈催化加氢制己二胺工艺　adiponitrile hydrogenation to 1, 6-hexanediamine process　04.459

bine expander 04.264

甲烷氧化偶联反应 oxidative coupling reaction of meth-
ane 03.034

甲烷氧化偶联工艺 methane oxidative coupling process
04.612

甲烷氧化制合成气工艺 methane oxidation to syngas
process 04.578

甲烷氧氯化制甲烷氯化物工艺 methane oxychlorination
to chlorinated methane process 04.615

甲烷制乙酸工艺 methane to acetic acid process 04.616

甲酰胺 formamide 02.153

甲酰[基]化反应 formylation reaction 03.052

*4-甲酰基吗啉 N-formylmorpholine, NFM 03.222

N-甲酰吗啉 N-formylmorpholine, NFM 03.222

*甲氧基钠 sodium methoxide 02.084

甲乙酮 methyl ethyl ketone 02.112

间苯二甲酸 m-phthalic acid, isophthalic acid 02.127

间二甲苯 meta-xylene, MX 02.178

*间酞酸 m-phthalic acid, isophthalic acid 02.127

减黏塔 viscosity reducing tower 04.336

减温减压器 temperature-decreased pressure reducer
04.566

减压馏分油 vacuum distillate, vacuum gas oil, VGO
02.008

*减压瓦斯油 vacuum distillate, vacuum gas oil, VGO
02.008

碱金属负载型催化剂 alkali metal supported catalyst
03.179

碱洗塔 caustic washing column 04.189

间歇精馏塔 batch distillation column, batch rectifying
column 04.168

渐进分离 progressive separation 04.010

浆态床反应器 slurry bed reactor 04.131

浆液泡罩塔式反应器 slurry bubble column reactor
04.134

降膜结晶 falling-film crystallization 04.018

降膜结晶器 falling film crystallizer 04.197

焦化苯 coking benzene 02.171

焦化气 coking gas 02.234

焦炉 coke oven 04.563

焦炭 coke 02.235

焦油氢化 coal-tar hydrogenation 04.529

EUO 结构分子筛 EUO zeolite 03.156

*FAU 结构分子筛 faujasite 03.141

MFI 结构分子筛 MFI zeolite 03.153

MOR 结构分子筛 MOR zeolite 03.154

MWW 结构分子筛 MWW zeolite 03.155

NES 结构分子筛 NES molecular sieve 03.157

*结合水 combined water 02.240

结焦抑制技术 coke inhibition technology 04.312

结渣率 clinkering rate 02.241

结渣性 slagability, slag-bonding property 02.242

介孔分子筛 mesoporous molecular sieve 03.152

金属基催化剂 metallic catalyst 03.177

金属卡宾 metal carbene 03.131

金属膜 metal membrane, metal film, metallic membrane
04.153

金属盐催化剂 metal salt catalyst 03.195

金属氧化物催化剂 metal oxide catalyst 03.183

*近似分析 proximate analysis 02.239

晶格氧 lattice oxygen 03.125

晶格氧氧化反应 lattice oxygen oxidation reaction
03.030

晶浆罐 crystal magma tank, crystal slurry tank 04.267

腈 nitrile 02.192

精馏 rectification 04.028

精煤 clean coal 02.205

*精密精馏工艺 super distillation process 04.033

精制 refining 04.042

径向固定床反应器 radial fixed bed reactor 04.118

静电沉淀工艺 electrostatic precipitation process 04.009

静态熔融结晶 static melt crystallization 04.019

静态熔融结晶器 static melting crystallizer 04.198

*静止角 angle of rest 02.250

*涓流床 trickle bed 04.129

绝热反应器 adiabatic reactor 04.108

*均四甲苯 sym-tetramethyl benzene 02.183

均四甲基苯 1, 2, 4, 5-tetramethylbenzene 02.183

均相催化剂 homogeneous catalyst 03.190

均相催化体系 homogeneous catalyst system, homogene-
ous catalytic system 03.189

K

卡宾 carbene 02.063

开环反应 ring-opening reaction 03.087

开环裂解 ring-opening cracking 03.024

糠醛 furfural 02.199

抗压强度 compression strength 03.121

抗氧化剂 antioxidant 03.217

*抗氧剂 antioxidant 03.217

*颗粒级配 grain grading 04.544

可凝组分 condensible component 04.079

*可燃冰 [natural] gas hydrate 02.221

空间位阻胺 sterically hindered amine 02.164

空间效应 steric effect 03.134

空冷塔 air chiller 04.253

空时 space time 04.062

空速 space velocity 04.063

*孔道尺寸 pore size 03.117

孔结构 pore structure 03.118

孔径 pore size 03.117

控制系统 control system 04.282

*枯烯 cumene 02.180

块煤 lump coal 02.208

扩孔效应 reaming effect 03.132

扩散管 diffuser 04.299

扩散孔板混合器 diffusion orifice mixer, diffusion plate mixer 04.228

L

兰炭 semi coke 02.217

捞渣机 submerged slag conveyor 04.572

*雷尼镍 Raney nickel 03.166

雷佩法丙烯酸生产工艺 acrylic acid process via Reppe method 04.444

冷壁反应器 cold-wall reactor 04.135

*冷壁式气化炉 membrane water wall gasifier 04.559

冷冻机 refrigerator 04.258

冷冻剂 cryogen, refrigerant 03.216

冷冻结晶 freezing crystallization 04.023

冷冻水冷却器 chilled water cooler 04.255

冷冻脱水 freezing dehydration 04.041

冷激式固定床反应器 quench type fixed bed reactor 04.125

冷却水系统 cooling water system 04.281

冷损 cold loss 04.093

冷箱 cold box 04.257

冷压成型工艺 cold briquetting process 04.467

离心澄清 centrifugal clarification 04.013

离心[式]压缩机 centrifugal compressor 04.262

离子交换处理器 ion exchange processor 04.209

*离子交换树脂催化剂 ion exchange resin catalyst 03.196

离子液体 ionic liquid 03.168

立管式裂解炉 vertical tube cracking furnace 04.327

立式轴流泵 vertical axial flow pump 04.243

立体传质塔盘 combined trapezoid spray tray 04.159

*立体效应 steric effect 03.134

粒度级配 grain grading 04.544

粒径 particle size 03.115

粒径分布 particle size distribution 03.116

连续鼓泡塔式反应器 continuous bubble column reactor 04.133

连续搅拌釜式反应器 continuous stirred tank reactor 04.112

连续精馏塔 continuous rectification column 04.167

连续相 continuous phase 04.058

联产工艺 cogeneration process, coproduction process 04.002

联产品 co-product 01.019

*联产物 co-product 01.019

*联合气化 co-gasification 04.481

联合制浆工艺 combined pulping process 04.478

联合转化工艺 combined conversion process 04.575

炼厂气 refinery gas 02.231

*链传播反应 chain transfer reaction 03.006

*链传递反应　chain transfer reaction　03.006

链烷烃　paraffin hydrocarbon　02.028

链引发反应　chain initiation reaction　03.004

链增长反应　chain propagation reaction　03.005

链终止反应　chain termination reaction　03.007

链转移反应　chain transfer reaction　03.006

列管式固定床反应器　multitubular fixed bed reactor, tubular fixed bed reactor　04.114

裂解参数　pyrolysis parameter　04.361

裂解反应　cracking reaction　03.018

裂解炉　cracking furnace　04.315

Pyrocrack 裂解炉　Pyrocrack cracking furnace, LSCC furnace　04.321

裂解汽油　pyrolysis gasoline　02.001

裂解汽油苯乙烯抽提蒸馏工艺　extractive distillation process for styrene recovery from pyrolysis gasoline　04.405

裂解深度　cracking severity　04.364

裂解特性　pyrolysis property　04.360

邻苯二甲酸　o-phthalic acid　02.124

邻苯二甲酸酐　phthalic anhydride　02.130

邻二甲苯　ortho-xylene, OX　02.177

邻二甲苯固定床氧化制苯酐工艺　o-xylene fixed bed oxidation to phthalic anhydride process　04.436

*邻酞酸　o-phthalic acid　02.124

灵敏[塔]板　sensitive plate　04.160

流动温度　fluid temperature, FT　02.249

流化床反应器　fluidized bed reactor　04.126

流化床干燥工艺　fluidized bed drying process　04.473

流化床气化工艺　fluidized bed gasification process　04.491

流化床气化炉　fluidized bed gasifier　04.553

硫铵回收工艺　ammonium sulfate recycling process　04.410

硫醇　mercaptan　02.081

硫酚　thiophenol　02.100

硫回收　sulfur recovery　04.512

硫醚　thioether　02.094

馏分　distillate　02.007

*馏分油　distillate　02.007

六亚甲基二异氰酸酯　hexamethylene diisocyanate, HDI　02.148

卤代硫醇　halogenated mercaptan　02.082

卤代硫醚　halogenated thio-ether　02.095

卤代烃　halohydrocarbon　02.059

卤化反应　halogenation reaction　03.045

绿色化工过程　green chemical process　01.009

绿油　green oil　02.004

绿油脱除工艺　green oil removal process　04.426

氯醇法制环氧丙烷工艺　chlorohydrin to propylene oxide process　04.430

氯醇化反应　chlorohydrination reaction　03.059

氯醇化管道反应器　tubular reactor in chlorohydrination process　04.431

*氯仿　chloroform　02.060

氯化反应　chlorination reaction　03.041

氯乙烯　vinyl chloride　02.061

罗加指数　Roga index, RI　02.253

螺杆[式]压缩机　screw compressor　04.261

络合反应　complexation reaction　03.068

络合结晶　complexation crystallization　04.022

络合物催化剂　complex catalyst　03.185

M

*马来酸酐　maleic anhydride　02.129

*毛煤　raw coal　02.204

煤层气　coal-bed gas, CBG; coal-bed methane, CBM　02.223

煤的反应性　reactivity of coal　02.251

*煤的液化　coal liquefaction　04.499

煤化工　coal chemical industry　01.003

煤灰熔融性　fusibility of coal ash　02.245

煤加氢气化工艺　coal hydrogasification process　04.489

煤浆制备工艺　coal slurry preparation process, coal slurry

pulping process　04.475

煤焦油加工　coal-tar processing　04.528

煤沥青　coal-tar pitch　02.236

*煤气产率　gasification rate, rate of gasification　04.535

煤气化　coal gasification　04.480

煤热解　coal pyrolysis　04.502

煤[炭]　coal　02.202

煤炭加工　coal processing　04.462

煤炭间接液化工艺　coal indirect liquefaction process

04.501

煤炭洗选工艺 coal washing process 04.464

煤炭液化 coal liquefaction 04.499

煤炭直接液化工艺 coal direct liquefaction process 04.500

煤制天然气工艺 coal to natural gas process 04.504

煤制烯烃工艺 coal to olefin process 04.518

醚 ether 02.089

醚后碳四 C$_4$ raffinate from MTBE unit 02.010

醚化反应 etherification reaction 03.044

模板剂 template agent 03.205

模拟移动床 simulated moving bed 04.185

模拟移动床吸附分离工艺 simulated moving-bed adsorptive separation process 04.388

膜分离 membrane separation 04.006

膜吸收 membrane absorption 04.007

磨煤机 coal mill 04.549

*木醇 methanol 02.068

*木精 methanol 02.068

N

纳米催化剂 nanocatalyst 03.169

纳米金刚石 nanodiamond 03.171

耐火砖气化炉 firebrick gasifier 04.560

耐硫变换工艺 sulfur tolerant shift process 04.496

耐磨强度 abrasive resistance 03.120

萘 naphthalene 02.189

萘流化床氧化制苯酐工艺 naphthalene fluidized bed oxidation to phthalic anhydride process 04.437

内烯烃 internal olefin 02.040

内循环气升式反应器 internal-loop airlift reactor 04.137

内酯 lactone 02.132

能耗 energy consumption 04.085

*能效 energy efficiency 04.086

能源效率 energy efficiency 04.086

泥煤 peat 02.211

*泥炭 peat 02.211

逆变换反应 reverse water-gas shift reaction 03.105

逆流结晶洗涤 countercurrent crystallization and washing 04.025

黏结剂 binder 03.204

黏结性 caking property, bonding property 02.252

黏结指数 caking index 04.546

*尿素 carbamide 02.154

*脲 urea 02.154

凝液汽提塔 condensate stripper 04.180

扭曲片炉管 twisted tube 04.333

O

偶联反应 coupling reaction 03.033

P

排管式分布器 calandria distributor 04.212

盘式气化器 coil vaporizer 04.275

*配合物催化剂 complex catalyst 03.185

配料槽 measuring tank 04.272

*配煤 coal blending process 04.463

配煤工艺 coal blending process 04.463

喷淋塔 spray column 04.162

喷射泵 jet pump, ejector 04.240

喷射混合器 ejecting mixer 04.230

*喷射器 jet pump, ejector 04.240

喷雾干燥 spray drying 04.047

喷嘴 nozzle 04.294

硼硅分子筛 boron silicon zeolite 03.148

破渣机 slag crusher, ballast crusher 04.573

Q

齐格勒两步法工艺　two steps Ziegler process　04.441

齐格勒一步法　one step Ziegler process　04.440

歧化反应　disproportionation reaction　03.085

气化炉　gasifier　04.550

气化率　gasification rate, rate of gasification　04.535

气流床气化工艺　entrained flow gasification process　04.492

气流床气化炉　entrained flow gasifier　04.556

气流干燥　pneumatic drying　04.049

气流干燥机　pneumatic dryer, flash dryer　04.235

气体分离塔　gas separation tower　04.207

气体混合器　gas mixer　04.221

气相烷基化制乙苯工艺　gas-phase alkylation process to ethylbenzene　04.395

气液分离　gas-liquid separation　04.004

汽油分馏塔　gasoline fractionator　04.335

汽油汽提塔　gasoline stripping column　04.334

前加氢工艺　front-end hydrogenation process　04.338

前脱丙烷工艺　front-end de-propanization process　04.341

前脱丙烷前加氢工艺　front-end de-propanization and hydrogenation process　04.342

前脱乙烷工艺　front-end de-ethanization process　04.340

羟胺　hydroxylamine　02.165

＊羟基乙醛　hydroxy-acetaldehyde　02.086

＊羟基乙酸　hydroxy-acetic acid　02.085

亲电反应　electrophilic reaction　03.008

亲电加成反应　electrophilic addition reaction　03.035

亲电取代反应　electrophilic substitution reaction　03.074

亲电试剂　electrophile, electrophilic reagent　03.215

＊亲电体　electrophile, electrophilic reagent　03.215

亲核反应　nucleophilic reaction　03.009

亲核加成反应　nucleophilic addition reaction　03.036

亲核取代反应　nucleophilic substitution reaction　03.073

亲核试剂　nucleophile, nucleophilic reagent　03.214

＊亲核体　nucleophile, nucleophilic reagent　03.214

＊氢化反应　hydrogenation reaction　03.039

氢甲酰化反应　hydroformylation reaction　03.058

氢解反应　hydrogenolysis reaction　03.094

氢氯化反应　hydrochlorination reaction　03.063

氢氰化反应　hydrocyanation reaction　03.056

氢氰酸　hydrogen cyanide　02.196

氢选择渗透填充床膜反应器　hydrogen selective permeation packed bed membrane reactor　04.144

轻烃　light hydrocarbon　02.020

轻烃芳构化工艺　light hydrocarbon aromatization process　04.393

轻烃脱氢技术　light paraffin dehydrogenation technology　04.337

轻循环油　light cycle oil, LCO　02.003

轻循环油制芳烃工艺　light cycle oil to aromatics process　04.394

轻组分　light component　04.055

倾析器　decanter　04.217

氰化反应　cyanidation reaction　03.055

＊氰化氢　hydrogen cyanide　02.196

球形催化剂　spherical catalyst　03.200

取代反应　substitution reaction　03.072

全馏分加氢工艺　full range [pyrolysis gasoline selective] hydrogenation process　04.347

醛　aldehyde　02.105

＊醛化反应　hydroformylation reaction　03.058

醛加氢工艺　aldehyde hydrogenation process　04.423

炔醇　alkynol　02.076

炔醛法制取1,4-丁二醇工艺　acetylene-formaldehyde to 1, 4-butanediol process　04.587

炔烃　alkyne　02.057

炔烃加氢反应器　alkyne hydrogenation reactor　04.376

R

燃料比　fuel ratio　04.538

燃料平衡　fuel balance　04.090

燃料气 fuel gas 02.230

燃煤 fire coal 02.203

燃烧装置 combustion device 04.278

燃油锅炉 oil fired boiler 04.259

热补偿器 thermal compensator 04.250

热点温度 hot spot temperature 03.138

热风滚筒干燥工艺 hot drum drying process 04.471

热钾碱法工艺 hot potassium carbonate process 04.514

*热裂化反应 thermal cracking reaction, pyrolysis reaction 03.019

热裂解反应 thermal cracking reaction, pyrolysis reaction 03.019

热裂解工艺 thermo-cracking process, thermal cracking process 04.307

热压成型工艺 hot briquetting process 04.466

热压脱水工艺 hot pressing dehydration process 04.474

溶剂 solvent 03.221

溶剂回收 solvent recovery 04.045

溶剂吸收工艺 solvent absorption process 04.014

*熔池气化炉 molten bath gasifier 04.551

熔硫釜 sulfur melting tank 04.569

熔融床气化工艺 molten bath gasification process 04.482

熔融床气化炉 melting bed gasifier 04.551

熔融罐 melting pot 04.268

熔融造粒 melting granulation 04.044

乳化工艺 emulsification process 04.531

乳化结晶 emulsion crystallization 04.021

软化温度 softening temperature, ST 02.247

S

三联换热器 triple heat exchanger 04.403

三氯甲烷 trichloromethane 02.060

*三相涓流床 three-phase trickle bed 04.129

三元制冷 ternary refrigeration 04.357

散热器 radiator 04.245

筛板混合器 sieve plate mixer 04.231

闪蒸罐 flash tank, flash drum 04.271

*闪蒸器 flash column 04.181

闪蒸塔 flash column 04.181

上流式绝热反应器 upflow adiabatic reactor 04.132

烧结金属滤芯 sintered metal filter 04.297

烧嘴 burner 04.295

烧嘴板 burner block 04.300

*射流泵 jet pump, ejector 04.240

射流反应器 jet reactor 04.136

射流混合 jet mixing 04.053

深度催化裂解工艺 deep catalytic cracking process 04.306

深冷分离 cryogenic separation 04.005

深冷结晶 cryogenic crystallization 04.017

深冷脱甲烷工艺 cryogenic de-methanization process 04.339

生产给水系统 production water supply system 04.280

生产能力 capacity 04.073

生活给水系统 life water supply system, domestic water supply system 04.279

生物质化工 biomass chemical industry 01.008

失活 deactivation 03.112

湿法制浆工艺 wet pulping process 04.477

湿气 wet gas 02.228

石墨 graphite 03.167

石墨烯 graphene 03.172

*石炭酸 carbolic acid 02.097

石油化工 petrochemical industry 01.002

石油化学品 petrochemicals 01.016

时空产率 space time yield 04.069

收集器 collector 04.290

收率 yield 04.067

收率分布 yield distribution 04.070

叔丁醇 *tert*-butyl alcohol, *tert*-butanol 02.073

输运床气化炉 transport integrated gasifier 04.555

树脂催化剂 resin catalyst 03.196

双程炉管 two-paths coil 04.331

双段床加氢工艺 two stages hydrogenation process 04.352

双酚 A bisphenol A, BPA 02.098

双[辐射段]炉膛 twin cell, double cell 04.328

双功能膜反应器 dual functional membrane reactor 04.141

双环戊二烯 dicyclopentadiene 02.054

双键异构化 double bond isomerization 03.083

双金属催化剂 bimetallic catalyst 03.181

双溶剂结晶　double-solvent crystallization　04.024

双塔脱丙烷工艺　dual tower de-propanization process　04.343

双套管换热器　double-pipe heat exchanger　04.246

水合反应　hydration reaction　03.048

水解反应　hydrolysis reaction　03.093

水冷壁　water wall　04.567

水冷壁气化炉　membrane water wall gasifier　04.559

水冷换热器　water cooled heat exchanger　04.249

*水冷器　water cooled heat exchanger　04.249

水冷塔　water cooling tower　04.254

水力除灰　hydraulic ash sluicing　04.532

水力型洗涤塔　hydraulic washing column　04.187

水煤浆　coal slurry, coal water slurry　02.215

水煤浆气化工艺　coal-water slurry gasification process　04.493

水煤浆气化炉　coal-water slurry gasifier　04.557

*水煤浆制浆工艺　coal slurry preparation process, coal slurry pulping process　04.475

水煤气　water gas　02.216

水煤气变换反应　water-gas shift reaction　03.104

水平多级环氧化反应器　horizontal multi-stage epoxidation reactor　04.435

水平管箱式炉　horizontal tube cracking furnace　04.326

水平衡　water balance　04.088

水烃比　water-hydrocarbon ratio　04.362

水洗塔　water scrubber, water washing column　04.188

水浴式气化器　water-bath vaporizer　04.274

顺丁烯二酸酐　maleic anhydride　02.129

*顺酐　maleic anhydride　02.129

顺酐直接加氢制 γ-丁内酯工艺　maleic anhydride direct hydrogenation to γ-butyrolactone process　04.457

顺序分离　sequential separation　04.011

四氢呋喃　tetrahydrofuran　02.201

酸催化反应　acid catalyzed reaction　03.025

酸密度　acid density　03.129

酸强度　acid strength　03.130

酸洗塔　pickling column　04.190

酸[性]催化剂　acid catalyst　03.193

*酸性点　acid site　03.128

酸中心　acid site　03.128

碎煤　crushed coal　02.209

*碎渣机　slag crusher, ballast crusher　04.573

羧酸　carboxylic acid　02.115

[羧]酸酐　anhydride　02.128

缩合反应　condensation reaction　03.089

*锁斗　lock hopper　04.570

T

塔盘塔　tray column　04.157

钛硅分子筛　titanium silicon zeolite　03.149

*酞酐　phthalic anhydride　02.130

炭黑　carbon black　02.237

碳八芳烃　C_8 aromatics　02.174

*碳八芳烃异构化工艺　xylene isomerization process　04.384

碳八馏分　C_8 fraction　02.012

碳捕集、利用与封存　carbon capture, utilization and storage; CCUS　04.534

碳捕集与封存　carbon capture and storage, CCS　04.533

碳沉积反应　carbon deposition reaction　03.017

碳化反应　carbonization reaction　03.016

碳九芳烃　C_9 aromatics　02.185

碳九馏分　C_9 fraction　02.013

碳纳米管　carbon nanotube　03.170

碳氢化合物　hydrocarbon　02.019

碳十芳烃　C_{10} aromatics　02.186

碳十馏分　C_{10} fraction　02.014

碳四馏分选择加氢工艺　C_4 fraction selective hydrogenation process　04.370

碳酸二苯酯　diphenyl carbonate, DPC　02.142

碳酸二甲酯　dimethyl carbonate　02.141

碳酸乙烯酯法制乙二醇工艺　vinyl carbonate to ethylene glycol process　04.415

碳五烷烃循环异构化工艺　C_5 alkane cyclic isomerization process　04.345

*碳烯　carbene　02.063

碳酰胺　carbamide　02.154

碳酰氯　phosgene, carbonyl chloride　02.151

碳一化工　C_1 chemical industry　01.005

羰基化反应　carbonylation reaction, oxo synthesis　03.061

羰基金属催化剂　metal carbonyl catalyst　03.180

陶瓷滤芯　ceramic filter　04.296
陶瓷膜　ceramic membrane　04.154
套管结晶器　jacketed crystallizer　04.196
特性因素　characterization factor　04.059
提纯　purification　04.043
提升管反应器　riser reactor　04.127
体积空速　volume space velocity　03.122
天然气　natural gas　02.226
＊天然气部分氧化热裂解制乙炔工艺　non-catalytic partial oxidation of methane to acetylene process　04.586
天然气合成油　gas to liquid　04.576
天然气化工　natural gas chemical industry　01.004
天然气水合物　[natural] gas hydrate　02.221
天然气硝化制甲烷硝化物工艺　nitration of natural gas to nitromethane process　04.610
天然气氧化偶联制烯烃工艺　methane oxidative coupling to olefin process　04.611
＊天然气制合成气工艺　natural gas conversion process　04.574
天然气制氢氰酸工艺　natural gas to hydrocyanic acid process　04.613
天然气转化工艺　natural gas conversion process　04.574
填料　packing, filler　04.156
填料塔　packed column　04.155
＊条缝筛网　Johnson screen　04.289

萜烯　terpene　02.062
＊烃　hydrocarbon　02.019
烃分压　hydrocarbon partial pressure　02.017
＊烃类水蒸气重整　hydrocarbon steam reforming　03.107
烃类水蒸气转化　hydrocarbon steam reforming　03.107
烃类蒸汽裂解反应　steam cracking reaction, pyrolytic cracking reaction　03.021
停留时间　residence time　04.061
酮　ketone　02.109
脱附剂　desorption agent　03.211
脱甲烷工艺　demethanization process　04.348
脱硫　desulfurization　04.527
脱硫塔　desulfurization column, desulfurizer　04.192
脱轻组分塔　light component removal column　04.177
脱水反应　dehydration reaction　03.099
脱水环化　cyclodehydration　03.103
脱碳塔　decarbonizing column　04.193
脱羰基反应　decarbonylation reaction　03.102
脱硝反应　denitration reaction　03.101
脱盐水　demineralized water　04.097
脱氧水　deoxygenated water　04.096
脱乙炔工艺　de-acetylene process　04.354
脱重组分塔　de-heavy oil column　04.178

W

烷基化反应　alkylation reaction　03.077
烷基化油　alkylate oil　02.002
烷基转移反应　transalkylation reaction　03.081
烷基转移工艺　transalkylation process　04.383
烷烃　alkane, paraffin　02.024
烷烃脱氢制 α-烯烃工艺　alkane dehydrogenation to α-olefins process　04.438
往复式压缩机　reciprocating compressor　04.263
微滤陶瓷膜　ceramic microfiltration membrane　04.301
微球形催化剂　microsphere catalyst　03.199
微通道反应器　micro-channel reactor　04.139
尾气洗涤塔　tail gas washing column, exhaust gas scrubber　04.191
尾氧含量　oxygen content in tail-gas　04.083
文丘里管气体混合器　Venturi tube gas mixer　04.227
肟　oxime　02.113

肟化反应　oximation reaction　03.065
卧式固定床反应器　horizontal fixed bed reactor　04.123
卧式水冷反应器　horizontal water-cooling reactor　04.130
乌尔夫法制乙炔工艺　gas to acetylene process by Wulff method　04.614
＊无定形合金　amorphous alloy　03.161
无机膜催化脱氢工艺　inorganic membrane catalytic dehydrogenation process　04.375
无硫铵丙烯腈生产工艺　non-ammonium sulfate to acrylonitrile process　04.411
无黏结剂成型工艺　briquetting process without binder　04.468
无烟煤　anthracite　02.214
＊无质子溶剂　aprotic solvent　03.224
戊烷　pentane　02.034

物理净化工艺　physical purification process　04.506

物理吸收过程　physical absorption process　04.034

物料平衡　material balance, mass balance　04.087

X

吸附塔　adsorption column　04.183

吸附脱硫工艺　adsorption desulfurization process　04.511

吸附氧　adsorbed oxygen　03.126

烯醇　enol　02.075

烯醛加氢工艺　olefine aldehyde hydrogenation process　04.424

烯酸　olefinic acid, olefine acid　02.118

烯烃　alkene, olefin　02.037

α-烯烃　alpha-olefin　02.039

烯烃复分解技术　olefin metathesis technology, OMT　04.367

烯烃齐聚制 α-烯烃工艺　olefin oligomerization to α-olefins process　04.439

烯烃生产技术　olefin production technology　04.305

＊稀释比　water-hydrocarbon ratio　04.362

稀土金属基催化剂　rare earth metal catalyst　03.182

＊洗涤塔　water scrubber, water washing column　04.188

＊洗煤　coal washing process　04.464

SAPO 系列分子筛　SAPO molecular sieves　03.159

USY 系列分子筛　USY molecular sieves　03.146

酰胺　amide　02.152

酰胺化反应　amidation reaction　03.057

酰基化反应　acylation reaction　03.051

酰卤　acyl halide　02.150

酰亚胺　imide　02.157

现场总线控制系统　fieldbus control system, FCS　04.284

线速度　linear velocity　04.060

相转移催化剂　phase transfer catalyst　03.187

消除反应　elimination reaction　03.098

β-H 消除反应　β-H elimination reaction　03.100

消防水系统　fire water system　04.304

硝化反应　nitration reaction　03.042

硝化剂　nitrating agent　03.218

硝基苯　nitrobenzene　02.172

硝基苯酚　nitrophenol　02.099

＊硝基酚　nitrophenol　02.099

协同效应　synergy　03.136

斜孔塔盘　oblique hole tray　04.158

辛醇　octyl alcohol, octanol　02.074

L 型分子筛　L zeolite　03.150

P 型分子筛　zeolite P　03.158

X 型分子筛　X zeolite　03.142

Y 型分子筛　Y zeolite　03.144

CBL 型裂解炉　CBL cracking furnace　04.325

GK 型裂解炉　GK cracking furnace　04.324

LRT 型裂解炉　LRT cracking furnace　04.323

SRT 型裂解炉　SRT cracking furnace　04.319

USC 型裂解炉　ultra-selective cracking furnace, USC cracking furnace　04.320

型煤　mould coal　02.207

型煤工艺　briquetting process　04.465

＊休止角　angle of repose　02.250

溴化反应　bromination reaction　03.047

溴价　bromine value　02.018

＊溴值　bromine value　02.018

许可压降　allowable pressure drop　04.078

蓄热炉裂解工艺　regenerative cracking process　04.308

旋流板　vortex plate　04.161

旋焰乙炔反应炉　cyclonic flame acetylene reactor, swirl flame acetylene reactor　04.623

旋转床反应器　rotating bed reactor　04.140

＊选煤　coal washing process　04.464

选择性加氢反应　selective hydrogenation reaction　03.040

选择性甲苯歧化工艺　selective toluene disproportionation process　04.382

选择性裂化　selective cracking　03.022

选择性脱硫工艺　selective desulfurization process　04.508

循环气　recycle gas　04.082

循环熔盐换热　molten salt circulating heat exchange　04.050

循环水　recycle water　04.101

循环水冷却器　cycle water cooler　04.256

Y

压力监测系统　pressure monitoring system　04.286

压滤机　pressure filter　04.201

压片催化剂　tableted catalyst　03.203

亚硝化反应　nitrosation reaction　03.043

亚硝酸甲酯　methyl nitrite　02.143

烟煤　bituminous coal, bitumite　02.213

烟气　flue gas　04.104

*氧化丙烯　propylene oxide　02.103

氧化反应　oxidation reaction　03.027

氧化还原促进剂　redox promoter　03.206

氧化还原反应　redox reaction　03.026

氧化剂　oxidant, oxidizer　03.209

*氧化裂解反应　autothermic cracking reaction　03.020

氧化脱氢反应　oxidative dehydrogenation reaction　03.032

*氧化乙烯　ethylene oxide, oxirane　02.102

*氧空位　oxygen vacancy　03.127

氧氯化反应　oxychlorination reaction　03.064

氧煤比　oxygen coal ratio, oxygen to coal ratio　04.539

氧缺位　oxygen vacancy　03.127

页岩气　shale gas　02.219

页岩油　shale oil　02.220

液滴分离器　entrainment separator　04.205

液化器　liquefier　04.276

液环升压泵　liquid ring pump, liquid ring booster pump　04.242

液体分配器　liquid distributor　04.216

液位监测系统　liquid level monitoring system　04.287

液相催化烷基化制异丙苯工艺　liquid phase catalytic alkylation to cumene process　04.416

液相烷基化制乙苯工艺　liquid-phase alkylation process to ethylbenzene　04.396

*Gulf一步法工艺　one step Gulf process　04.440

一氧化碳变换工艺　water-gas shift process　04.495

一元醇　monohydric alcohol　02.067

仪表空气　instrument air　04.103

乙胺　ethylamine, aminoethane　02.160

乙苯　ethyl benzene　02.179

乙苯负压绝热脱氢工艺　ethylbenzene adiabatic vacuum dehydrogenation process　04.400

乙苯负压脱氢工艺　ethylbenzene vacuum dehydrogenation process　04.399

乙苯脱氢选择性氧化工艺　ethylbenzene dehydrogenation and selective oxidation process　04.401

乙苯脱氢制苯乙烯工艺　ethylbenzene dehydrogenation to styrene process　04.398

乙苯脱乙基型二甲苯异构化工艺　ethylbenzene dealkylation and xylene isomerization process　04.386

乙苯氧化脱氢工艺　ethylbenzene oxidative dehydrogenation process　04.402

*乙苯异构型二甲苯异构化工艺　ethylbenzene isomerization type xylene isomerization process　04.385

乙苯转化型二甲苯异构化工艺　ethylbenzene isomerization type xylene isomerization process　04.385

乙醇　ethanol　02.069

乙醇胺　ethanolamine, aminoethyl alcohol　02.087

乙醇醛　glycolaldehyde　02.086

乙醇酸　glycolic acid　02.085

乙醇酸甲酯　methyl glycollate　02.088

乙醇脱水制乙烯工艺　ethanol dehydration to ethylene process　04.313

乙醇制异丁醛工艺　ethanol to isobutylaldehyde process　04.604

乙二醇　ethylene glycol　02.078

*乙基苯　ethyl benzene　02.179

乙腈　acetonitrile　02.193

乙腈复合萃取技术　acetonitrile composite extraction technology　04.408

乙醚　ethyl ether, diethyl ether　02.092

*乙醛缩合制醋酸乙酯工艺　acetaldehyde condensation to ethyl acetate process　04.447

乙醛缩合制乙酸乙酯工艺　acetaldehyde condensation to ethyl acetate process　04.447

乙炔　acetylene　02.058

乙炔法制乙酸乙烯工艺　acetylene to vinyl acetate process　04.523

乙炔后加氢工艺　back-end acetylene hydrogenation process　04.349

乙炔净化　acetylene purification　04.617

乙炔制丙烯酸工艺　acetylene to acrylic acid process　04.618

乙炔制氯丁二烯工艺　acetylene to chloroprene process　04.619

乙炔制氯乙烯工艺　acetylene to vinyl chloride process　04.620

乙酸　acetic acid　02.117

乙酸甲酯　methyl acetate　02.138

乙酸乙烯酯　vinyl acetate　02.135

乙酸乙酯　ethyl acetate　02.139

乙酸异丙酯　isopropyl acetate　02.140

乙酸酯化制乙酸乙酯工艺　acetic acid esterification to ethyl acetate process　04.446

乙酸酯制乙醇工艺　acetic ester to ethanol process　04.589

乙酸制乙醇工艺　acetic acid to ethanol process　04.590

乙烷　ethane　02.030

乙烷氧化制乙酸工艺　ethane oxidation to acetic acid process　04.428

乙烷直接氧氯化制氯乙烯工艺　ethane direct oxychlorination to vinyl chloride process　04.422

乙烯　ethylene　02.045

乙烯二聚制 1-丁烯工艺　ethylene dimerization to butene-1 process　04.442

*乙烯基苯　ethenyl benzene　02.182

乙烯加成制醋酸乙酯工艺　ethylene addition to ethyl acetate process　04.448

*乙烯加成制乙酸乙酯工艺　ethylene addition to ethyl acetate process　04.448

乙烯联合平衡法制氯乙烯工艺　ethylene-based integrated balanced process to vinyl chloride process　04.420

乙烯齐聚制 α-烯烃工艺　ethylene oligomerization to α-olefins process　04.443

乙烯气相法制乙酸乙烯工艺　ethylene acetoxylation to vinyl acetate process　04.429

乙烯氧化制环氧乙烷工艺　ethylene oxidation to ethylene oxide process　04.413

乙烯一步法制氯乙烯工艺　ethylene direct conversion to vinyl chloride process　04.421

*蚁醛　formaldehyde, methanal　02.107

*蚁酸　formic acid　02.116

异丙苯　isopropylbenzene　02.180

异丙苯制苯酚工艺　cumene to phenol process　04.418

异丙苯制环氧丙烷工艺　cumene to propylene oxide process　04.433

异丁醇　iso-butyl alcohol, iso-butanol　02.071

异丁烷脱氢制异丁烯工艺　isobutane dehydrogenation to isobutene process　04.374

异丁烷选择性氧化制甲基丙烯酸工艺　isobutane selective oxidation to methacrylic acid process　04.454

异丁烯　isobutene　02.048

*异丁烯酸　methacrylic acid, MAA　02.120

异构化反应　isomerization reaction　03.082

异构烷烃　isoparaffin, isoalkane　02.026

异氰酸酯　isocyanate　02.145

异戊二烯　isoprene　02.052

异戊烯　isoamylene　02.051

异形催化剂　irregular catalyst　03.201

茚　indene　02.188

油当量　oil equivalent　04.548

油田气　oil field gas　02.222

油吸收分离技术　oil absorption and separation technology　04.311

KA 油氧化制己二酸工艺　KA oil oxidation to adipic acid process　04.458

*游离基反应　free radical reaction　03.013

有机化合物　organic compound　01.010

有机原料　organic raw material　01.012

有黏结剂成型工艺　briquetting process with binder　04.469

余热　waste heat　04.091

预干燥工艺　pre-drying process, preliminary drying process　04.470

预精馏塔　pre-distillation column, pre-rectifying column　04.165

原料产品计量系统　[raw material and products] metering system　04.285

原料灵活性　feedstock flexibility　04.072

原煤　raw coal　02.204

约翰逊网　Johnson screen　04.289

运转周期　operation cycle, running period　04.075

Z

杂多酸　heteropolyacid　03.194

杂原子分子筛　heteroatom zeolite　03.147

再生塔　regeneration column　04.184

再生周期　regeneration period　03.114

在线清堵工艺　online-cleaning process　04.427

皂化反应　saponification reaction　03.060

造孔剂　pore former, pore forming agent　03.207

择形催化剂　shape-selective catalyst　03.186

择形烷基化反应　shape-selective alkylation reaction　03.079

择形效应　shape-selective effect　03.133

渣池　slag pool　04.571

*沼气　methane　02.029

真空闪蒸塔　vacuum flash column　04.182

*真实密度　skeleton density　03.119

蒸馏塔　distillation column　04.163

蒸气吹灰器　steam sootblower　04.238

*蒸汽裂解反应　steam cracking reaction, pyrolytic cracking reaction　03.021

蒸汽煤比　steam coal ratio, steam to coal ratio　04.540

蒸汽凝液　steam condensate　04.098

蒸汽平衡　steam balance　04.089

蒸汽热裂解工艺　steam cracking process　04.310

正丁醇　n-butyl alcohol, normal-butanol　02.070

正丁烯水合制甲乙酮工艺　butene to methylethyl ketone process　04.456

正构烷烃　normal paraffin, n-alkane　02.025

*正构烯烃　liner olefin, normal alkene, normal olefin　02.041

支链烯烃　branched olefin, branched alkene　02.042

枝形流体分布器　arborescent distributor　04.215

枝形撞击流混合器　arborescent impinging stream mixer　04.224

脂肪醇　fatty alcohol, aliphatic alcohol　02.065

脂肪烃　aliphatic hydrocarbon　02.022

脂肪酮　aliphatic ketone　02.110

脂肪族化合物　aliphatic compound　02.021

*脂烃　aliphatic hydrocarbon　02.022

*直链烷烃　normal paraffin, n-alkane　02.025

直链烯烃　liner olefin, normal alkene, normal olefin　02.041

*BMCI 值　BMCI　02.015

*PONA 值　group composition　02.016

酯　ester　02.131

酯化反应　esterification reaction　03.054

酯交换反应　transesterification reaction　03.069

*LCO 制芳烃工艺　LCO to aromatics process　04.394

制冷量　refrigeration duty　04.092

致密膜反应器　dense membrane reactor　04.147

致密透氧膜反应器　dense oxygen permeation membrane reactor　04.143

中和反应　neutralization reaction　03.053

中和釜　neutralization reactor　04.138

中和剂　neutralizer　03.220

中间体　intermediate　01.017

中试装置　pilot plant　04.106

仲丁醇　sec-butyl alcohol, sec-butanol　02.072

重芳烃　heavy aromatics　02.184

重芳烃轻质化工艺　heavy aromatics lightening process　04.390

重芳烃烷基转移工艺　heavy aromatics transalkylation process　04.391

*重油催化裂化工艺　heavy oil catalytic pyrolysis process　04.358

重油催化热裂解工艺　heavy oil catalytic pyrolysis process　04.358

重油直接接触裂解工艺　heavy oil contact cracking process　04.359

重组分　heavy component　04.056

轴径向反应器　axial-radial reactor　04.116

轴向固定床反应器　axial fixed bed reactor　04.115

轴向温差　axial temperature difference　04.094

主反应　main reaction　03.002

主精馏塔　main distillation column, main rectifying column　04.166

贮罐　tank　04.266

*转鼓干燥　drum drying　04.048

转化炉　reformer　04.621

转化率　conversion　04.065

转筒真空过滤机　rotary vacuum filter　04.202

装置负荷　load　04.074

撞击射流混合器　impinging jet mixer, impinging stream mixer　04.225

自[动]催化反应　auto-catalyzed reaction　03.012

自流循环固定床反应器　self-circulation fixed bed reactor　04.124

自热裂解反应　autothermic cracking reaction　03.020

自由基反应　free radical reaction　03.013

自由基连锁反应　free radical chain reaction　03.014

＊自由基链反应　free radical chain reaction　03.014

族组成　group composition　02.016

阻火塔　fire resistance column, flame arrest column　04.195

＊组分分析　proximate analysis　02.239

最小流化速度　minimal fluidization velocity　04.542

（TQ-1293.31）

ISBN 978-7-03-062088-0

定价：128.00 元